JN288505

2 開かれた数学

中村佳正・野海正俊 [編集]

数論
アルゴリズム

中村 憲 [著]

朝倉書店

編　集　者

中村　佳正　京都大学大学院情報学研究科
野海　正俊　神戸大学大学院理学研究科

序

　本書のテーマは応用に関連する数論,とりわけ整数に関する計算方法を扱う,数論アルゴリズムへの第一歩からの入門書である.スタートとして必要な知識は,高等学校数学程度を想定している.ゴールとして得られる知識は,数論アルゴリズム利用者・開発者・研究者の持つべき基礎概念を想定している.

　数論 (Number Theory) は自然数 (を初めとする数) の性質を研究する数学の一分野であり,アルゴリズム (Algorithm, 算法) とは与えられた問題を解く計算規則を表す情報科学の術語であるが,ここでいう**数論アルゴリズム (Algorithmic Number Theory) ANT** という言葉には二つ側面がある.その一面は,数論に基く算法を表す**数論的算法 (Number Theoretic Algorithm) NTA** の意味で,古くは自然数の最大公約数を求める互除法や,素数表を作成する合成数篩等がある.別の一面は,**計算数論 (Computational Number Theory) CNT** の意味で,コンピュータ等を利用した数論の不変量計算を表し,最も簡単な場合は素因数分解表の作成や,素数を法とする原始根の計算等がある.この双方の意味を併せて数論アルゴリズム ANT と呼ぶ.そこでは数論の問題を,計算の"手法"や"手間"まで考察し,更に実際にコンピュータによる実行まで考える.その意味で理論的かつ実用的に広く「開かれた数学」である.

　現在,この ANT と,その周辺の研究分野は,応用・実用の面でも「符号理論」や「暗号理論」等と密接な関係があり,非常に脚光を浴びてきている.従来は,数学の中でも最も実用から遠いと考えられてきた数論が,コンピュータの世界の現実的で重要な問題に,直接適用できることが判明してきている.そこで,理論的な数論研究の枠組に捕われず,数論専用のデータベース共有やソフトウェアの開発,および産学の研究者・開発者の交流が不可欠である.このような ANT について,先ず前半の3つの章で基礎知識として必要となる事項を整理して,その上で後半の4つの章で典型的問題に対する数論的算法 NTA の基本原理を説明して,それに付随して提起される計算数論 CNT の問題について解説する.

前半では，全ての ANT の分野で必要最低限な基礎的知識を確認する．先ず，第 1 章で整数に関する基本的な論法と四則演算や冪について，記号や用語を導入しながら復習する．次に，第 2 章で整除や合同式等の初等数論について，基礎的なアルゴリズムを紹介する．更に，第 3 章では，重要な代数系について格子の線型代数，多項式の演算，有限体の特性等に関してまとめておく．これらを熟知している読者は読み飛ばして必要に応じて参照して差支えない．中でも §1.1 と §2.2.4 は省略可能である．むしろ既に ANT を学習・研究・応用している読者は，いきなり後半から読む方が良い．他方で現代の ANT を広く浅く概観したい場合にも，直接に後半の各章から読み始める手がある．

後半では，これら準備の上に，現時点で主要な ANT の課題を個別に詳しく解説する．先ず，第 4 章では素数判定について，その出発点から最新の方法に到る迄を紹介する．次に，第 5 章では整数分解問題について，その計算困難性と基本戦略・戦術や様々の方法を紹介する．更に，第 6 章では離散対数問題について，その定式化と一般化をしていくつかの代表的計算方法を紹介する．そして最後に，第 7 章では擬似乱数について，その意義と評価方法や具体的な生成法を一つの典型的な ANT として取り上げる．後半の各章は独立して読むことができるようになっている．また前半の必要事項は，しつこく参照したつもりなので，その様な読み方をして不自由はない筈である．

全体として，できるだけ実例を挙げることにより，そこで説明した事実，性質，アルゴリズム等を実感として理解してもらえる様にした．特に，アルゴリズムに関しては簡明さを旨とし，計算効率向上のための不必要な技術的工夫は排除した．そして証明を必要とする部分は，前半ではヒントを付けた問題としたり，参考文献を引用するようにしたので，そこは省略もできるし，興味があれば挑戦することもできるようにしてある．それらは飛ばしても内容を理解する上では何も差支えない．少々くどく細かくなった部分が特に前半に多いが，それはアルゴリズム的な思考訓練として甘受して，我慢して丁寧に読んでもらえれば，きっと何かの役に立つと思う．また実際にプログラムを書いて実行すれば理解の助けとなるが，例えば NZMATH [NZM] は手軽に使える．他に 81 頁の様なソフトもあるが，プログラミング経験がない人でも NZMATH なら数日で使いこなせる．新しく術語・記号・概念を導入するときには，できるだけ**太字**で書き，そのこと

を明確にし索引から参照できる様にしておいた．術語や記号に関しては慣用でないものを用いている場合もあるが，それらが内容を直感的に表現している様にしたかったためであり，できるだけ固有名詞は避けている．

これ迄には数論アルゴリズム ANT を，初歩から系統的かつ総合的に解説した，日本語による入門書は翻訳以外あまり多くない．この本により，これから ANT の個別具体的な問題について学ぶために，必要最少限の内容が十分習得できる筈である．本書を出発点にして更に進んだ分野の専門書を学んでもらいたい．これが ANT に関心を持つ日本の若い人々を増やし，また奨励するのに，少しでも役立てば幸いである．

おわりに僭越ながら，我が最愛の娘である郁瀬 (NAKAMULA, Ikuse) の成長への感謝と，彼女の発展への期待として本書を捧げる．

2009 年 8 月

中 村　　憲

記号と予備知識

以下の概念や用語・記法は本書では断りなしに繁用する.

- 一般に「A を B と置く」もしくは「A を B により定義する」を意味する記号として $A := B$ や $A :\iff B$ を用いる. アルゴリズムに於ては,「式 y を計算して変数 x にその値を代入する」あるいは「式 y を計算して変数 x をその値にする」を意味する記号として $x \leftarrow y$ を用いる.

- 自然数の全体を $\mathbb{N} := \{1, 2, 3, \ldots\}$ として, これに 0 と負の数も加えた整数の全体を $\mathbb{Z} := \{\ldots, -2, -1, 0, 1, 2, \ldots\}$ とする. また素数の全体を

$$\mathbb{P} := \{2, 3, 5, 7, 11, 13, 17, \ldots\}$$

で表す. 更に, 有理数の全体を $\mathbb{Q}$, 実数の全体を $\mathbb{R}$, 複素数の全体を $\mathbb{C}$ で表し, これらの数の四則演算や絶対値, 実数の大小関係等は既知であるとする. 特に $a \in \mathbb{R}$, $S \subseteq \mathbb{R}$ に対して

$$S_{>a} := \{x \in S \mid x > a\}, \qquad S_{\geq a} := \{x \in S \mid x \geq a\},$$
$$S_{<a} := \{x \in S \mid x < a\}, \qquad S_{\leq a} := \{x \in S \mid x \leq a\}$$

と書く. 例えば $\mathbb{N} = \mathbb{Z}_{>0} = \mathbb{Z}_{\geq 1}$ である. 更に $b \in \mathbb{R}_{\geq a}$ に対して $S_{\geq a, \leq b} := S_{\geq a} \cap S_{\leq b}$ と定め, 記号 $S_{>a, \leq b}$, $S_{\geq a, <b}$, $S_{>a, <b}$ 等も同様に定める.

- 集合論の基礎は既知と仮定する. 集合 S の要素 (元) の個数を ${}^{\sharp}S$ で表し, 特に S が無限集合なら ${}^{\sharp}S := +\infty$ とする. また

$$S^n := \{(x_1, \ldots, x_n) \mid x_1, \ldots, x_n \in S\}$$

とする. 更に集合 S, T に対して

$$S \setminus T := \{x \in S \mid x \notin T\}$$

で差集合を表すことにする. 写像 $f : S \longrightarrow T$ の像は

$$f(S) := \{f(x) \mid x \in S\} \subseteq T$$

と書き，それによる $I \subseteq f(S)$ の原像は

$$f^{-1}(I) := \{x \in S \mid f(x) \in I\}$$

と書く．恒等写像は $\mathrm{id}_S : S \ni x \longmapsto x \in S$ と書く．二つの写像 $f : S \longrightarrow T$, $g : T \longrightarrow U$ の合成写像は $g \circ f : S \longrightarrow U$ と書き，特に $S = T = U$, $f = g$ なら $f^{k+1} := f \circ f^k$ $(k \in \mathbb{N})$ とする．

- 対数関数 $\log$ のうち，特に自然対数と底が 2 の対数は頻繁に用いるので

$$\ln := \log_e, \qquad \lg := \log_2$$

と書くことにする．

- 多項式や有理式については，その演算のあらましが判るとする．そして整数については合同式の計算に慣れている方が望ましい．できるだけ必要な知識は復習して補足する様にするが，体と単位可換環の定義や群論，線型代数の初歩は仮定する場合もある．乗法群 G や加 (法) 群 M の要素 a に対して，それぞれ

$$a^{\mathbb{Z}} := \{a^n \mid n \in \mathbb{Z}\} \quad (a \in G), \qquad a\mathbb{Z} := \mathbb{Z}a := \{na \mid n \in \mathbb{Z}\} \quad (a \in M)$$

として，その部分集合 $S \subseteq G$, $S \subseteq M$ が生成する部分群を，それぞれ

$$\langle S \rangle := \bigcup_{i=0}^{+\infty} \{a_1 \cdots a_i \mid a_j \text{ 又は } a_j^{-1} \in S \ (j \in \mathbb{N}_{\leq i})\},$$

$$[S] := \bigcup_{i=0}^{+\infty} \{a_1 + \cdots + a_i \mid a_j \text{ 又は } -a_j \in S \ (j \in \mathbb{N}_{\leq i})\}$$

とする．特に $S = \{a\}$ なら $a^{\mathbb{Z}} = \langle a \rangle$, $a\mathbb{Z} = \mathbb{Z}a = [a]$ である．

キーワード

数論アルゴリズム (ANT)，数論的算法 (NTA)，計算数論 (CNT)，素数判定 (PRIMES)，整数分解問題 (IFP)，離散対数問題 (DLP)，擬似乱数 (PRN)

目　　次

第 1 章　四則演算と冪 ……………………………………………… 1
　1.1　数学的帰納法と整列原理 ………………………………………… 1
　　1.1.1　数学的帰納法 …………………………………………………… 1
　　1.1.2　変種数学的帰納法と整列原理 ……………………………… 3
　1.2　除法定理と b 進表記 ……………………………………………… 5
　　1.2.1　除法定理と整除 ………………………………………………… 5
　　1.2.2　b 進 表 記 ……………………………………………………… 7
　1.3　加減乗除の計算量とビッグ O ………………………………… 10
　　1.3.1　ビット演算量 …………………………………………………… 10
　　1.3.2　漸近的計算量 …………………………………………………… 13
　1.4　冪法, 加法鎖, 素数乗検出 ……………………………………… 20
　　1.4.1　反復平方法と加法鎖 …………………………………………… 20
　　1.4.2　冪　検　出 ……………………………………………………… 25

第 2 章　初等数論アルゴリズム …………………………………… 29
　2.1　互除法, 拡張互除法と合成数篩 ………………………………… 29
　　2.1.1　最大公約数 ……………………………………………………… 29
　　2.1.2　素数の列挙と計数 ……………………………………………… 33
　2.2　互いに素な法の剰余定理と既約剰余類群の原始根 …………… 36
　　2.2.1　合同式と計算量 ………………………………………………… 36
　　2.2.2　互いに素な法 …………………………………………………… 40
　　2.2.3　素 冪 の 法 ……………………………………………………… 43
　　2.2.4　反 転 公 式 ……………………………………………………… 45
　2.3　平方剰余規準および平方剰余相互法則 ………………………… 48
　　2.3.1　奇素数を法とする場合 ………………………………………… 48

	2.3.2	奇合成数を法とする場合	51
	2.3.3	奇素数冪を法とする平方根	54

第3章　格子，多項式，有限体 — 57

- 3.1　格子の行列標準形 … 57
  - 3.1.1　行列の定める加群 … 58
  - 3.1.2　三角正規形 … 59
  - 3.1.3　対角正規形 … 61
  - 3.1.4　準簡約形 … 63
- 3.2　多項式の算法 … 67
  - 3.2.1　多項式の値および加減乗除と冪 … 67
  - 3.2.2　多項式の最大公約数 … 76
  - 3.2.3　多項式の因数分解 … 81
- 3.3　有限体の構成 … 85
  - 3.3.1　多項式の合同式と代数拡大 … 85
  - 3.3.2　通常の定義多項式 … 86
  - 3.3.3　有限体の原始多項式 … 87
  - 3.3.4　大域的な構成と局所化 … 89

第4章　素数判定 — 91

- 4.1　合成数判定，素数判定と決定性多項式時間 … 91
  - 4.1.1　問題の意味 … 91
  - 4.1.2　素数判定と整数分解問題 … 92
  - 4.1.3　計算量 … 93
  - 4.1.4　決定性多項式時間 … 94
  - 4.1.5　確率的多項式時間 … 95
- 4.2　確率的合成数判定の各種テスト … 96
  - 4.2.1　絶対擬素数テスト … 96
  - 4.2.2　平方剰余規準テスト … 97
  - 4.2.3　強擬素数テスト … 98

4.3 円分合同式テスト 100
　4.3.1 従来の代表的方法 100
　4.3.2 円分合同式テストの着想と戦略 102
　4.3.3 計 算 手 順 103
　4.3.4 計 算 量 105
　4.3.5 理論的根拠 106
4.4 $n-1$ テスト，楕円曲線素数証明 107
　4.4.1 $n-1$ テスト 107
　4.4.2 楕 円 曲 線 108
　4.4.3 法 n の擬楕円曲線 110
　4.4.4 楕円曲線素数証明 111

第5章　整数分解問題 113
5.1 整数分解問題の戦略・戦術と計算量 113
　5.1.1 問題の分析と方針 113
　5.1.2 計 算 量 115
　5.1.3 結　　論 117
5.2 ランダム法 117
　5.2.1 周期関数, 兎亀算法, 誕生日逆説 118
　5.2.2 ρ 法 119
5.3 平方差法, 特に指数計算法 119
　5.3.1 原形と根拠 119
　5.3.2 指数計算法の算法図式 121
　5.3.3 二　次　篩 123
　5.3.4 数　体　篩 124
5.4 元位数計算法 127
　5.4.1 $p-1$ 法 127
　5.4.2 楕円曲線法 128
5.5 量子計算機法 130
　5.5.1 歴　　史 130

5.5.2	原理と動作 ································· 130
5.5.3	計 算 量 ····································· 132
5.5.4	法 n での位数計算 ························· 133

第6章 離散対数問題 ······································ 135
6.1 離散対数問題の意味 ································ 135
6.2 普遍的 ρ 法, 小股大股法, 群位数分解法 ············ 136
6.2.1 試し掛算 ···································· 136
6.2.2 ρ 法 ······································ 137
6.2.3 小股大股法 ·································· 139
6.2.4 群位数分解法 ································ 141
6.3 特殊な群に通用する指数計算法 ··················· 145
6.3.1 指数計算法の算法図式 ······················ 145
6.3.2 有限体への適用 ···························· 147
6.3.3 篩の活用と複数の因子基底 ·················· 150
6.4 ま と め ·· 152

第7章 擬似乱数 ·· 154
7.1 乱数, 乱数列, 擬似乱数, 擬似乱数列 ··············· 154
7.1.1 乱数の定義と意味 ·························· 154
7.1.2 乱数を近似する方法 ························ 155
7.2 擬似乱数生成法および線型合同法, 二次合同法, M系列法 ······ 156
7.2.1 合 同 法 ···································· 157
7.2.2 M 系 列 法 ································ 159
7.3 評 価 法 ··· 160
7.3.1 線型複雑度 ································ 161
7.3.2 高次元均等分布 ···························· 163
7.4 二の素数乗 -1 を使うメルセンヌ・ツイスタ ······ 164
7.4.1 不思議な素数 ······························ 164
7.4.2 高次元均等分布の実現 ······················ 165

参考文献 ………………………………………………… 167

索　引 …………………………………………………… 173

第1章

四則演算と冪

整数の計算を効率的に実行するためには，その基本的な性質を最初に確認しておくことが重要である．その証明を含む詳細については数多くある入門書，中でも定評のある [Tak71b] と [HW01] 等を参考にしてほしい．ここでは整数に関する基礎的な論法や算法について，実際に計算するという観点でまとめておく．

1.1 数学的帰納法 MI, VMI と整列原理 WOP

整数に関する様々な性質を調べるために，どの様な論理が展開されるのか，もう一度丁寧に検討し直してみよう．

1.1.1 数学的帰納法

個数を勘定することに由来している自然数は，最初の自然数 1 から始めて，その次の自然数という具合に順々に (帰納的に) 定められている．そこで，自然数の全体 $\mathbb{N}$ に関する何らかの性質を導く最も基本的な論法としては，先ず**数学的帰納法** (Mathematical Induction) **MI** が考えられる．それを，最初に復習しておこう．この MI は負の数を含む整数全体 $\mathbb{Z}$ に対しても拡張された形で，次の様に定式化される．

MI　　今 $m \in \mathbb{Z}$ として，それ以上の $n \in \mathbb{Z}_{\geq m}$ に関する性質 $P(n)$ を考える．もし次の二つが成立すれば，任意の $n \in \mathbb{Z}_{\geq m}$ に対して性質 $P(n)$ が成立する：

(i) 性質 $P(m)$ が成立する．

(ii) 任意の $k \in \mathbb{Z}_{\geq m}$ に対して, もし性質 $P(k)$ が成立するならば性質 $P(k+1)$ も成立する.

この MI は非常に有用だが, ここでは後に利用する一例だけ挙げる.

例 1.1.1. 任意の $n \in \mathbb{N}$ に対して, 次の因数分解の公式 $P(n)$ が成立することを MI で証明してみよう.

$$X^n - Y^n = (X - Y)(X^{n-1} + X^{n-2}Y + \cdots + XY^{n-2} + Y^{n-1}).$$

先ず $P(1)$ は自明な等式 $X - Y = X - Y$ として成立している. 次に $k \in \mathbb{N}$ に対して, 今 $P(k)$ が成立すると仮定する:

$$X^k - Y^k = (X - Y)(X^{k-1} + X^{k-2}Y + \cdots + XY^{k-2} + Y^{k-1}).$$

両辺に X を乗じて $XY^k - Y^{k+1} = (X - Y)Y^k$ を加え整理すると

$$X^{k+1} - Y^{k+1} = (X - Y)(X^k + X^{k-1}Y + \cdots + X^2Y^{k-2} + XY^{k-1} + Y^k)$$

となり $P(k+1)$ も成立することが判る. したがって MI により, 任意の $n \in \mathbb{N}$ に対して $P(n)$ が成立する.

しかし MI を使う場合には, 十分に注意深く条件を確認しておく必要があることを, 次の詭弁を通じてみておこう.

例 1.1.2. 任意の $n \in \mathbb{N}$ に対して, 今「横一列に n 個並ぶカラーボールは全て同じ色である, つまりボールの色は一色しかない」という性質 $P(n)$ を考える. 当然 $P(1)$ はボール一個しかないから成立する. 次に任意の $k \in \mathbb{N}$ に対して $P(k)$ が成立すると仮定する. このとき $P(k+1)$ を考えると, 横一列に並ぶ

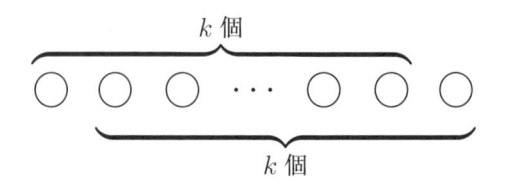

ボールの内で，左から k 個は $P(k)$ が成立するから全て同じ色であり，右から k 個も $P(k)$ が成立するから全て同じ色である．

中間の重なる部分を考えると同じ色のボール $k+1$ 個が並んでおり，これにより $P(k+1)$ が成立する．したがって MI により，任意の $n \in \mathbb{N}$ に対して $P(n)$ が成立する．即ち，カラーボールを勝手にいくつ並べても，いつも同じ色のボールしか並ばないことになる．類似の議論を認めると，世の中には男女の区別も，人種や年齢の違いもないことになり，まことに平和だけれど味気無いが，これはもちろんおかしい．どこが正しくないのだろうか．

問題 1.1.1. 例 1.1.2 の論証の誤りを指摘せよ．

1.1.2 変種数学的帰納法と整列原理

そのままの形の MI ではなく，状況により**変種数学的帰納法 (Variation of Mathematical Induction) VMI** を用いた方が便利な場合がある．

VMI 今 $m \in \mathbb{Z}$ として，それ以上の $n \in \mathbb{Z}_{\geq m}$ に関する性質 $P(n)$ を考える．もし次の二つが成立すれば，任意の $n \in \mathbb{Z}_{\geq m}$ に対して性質 $P(n)$ が成立する:

(i) 性質 $P(m)$ が成立する．

(ii) 任意の $k \in \mathbb{Z}_{\geq m}$ に対して，もし性質 $P(r)$ $(r \in \mathbb{Z}_{\geq m, \leq k})$ が全て成立するならば性質 $P(k+1)$ も成立する．

これについてもう一つだけ例を挙げよう．

例 1.1.3. 一般に二次の線型回帰数列について成立する公式を示そう．ここでは，沢山の応用がある，漸化式

$$f_1 := f_2 := 1; \quad f_n := f_{n-1} + f_{n-2} \ (n \in \mathbb{N}_{>2})$$

で帰納的に与えられる (Fibonacci) 数列 f_n を考えるが，一般の場合も同様に議論できる [CP01, §3.5.1]．このとき f_n は公式

$$f_n = \frac{\alpha^n - \beta^n}{\alpha - \beta}; \quad \alpha := \frac{1+\sqrt{5}}{2}, \beta := \frac{1-\sqrt{5}}{2}$$

の様に, 漸化式を使わないで表すことができる. 実際, この公式を $P(n)$ とすると, 先ず $P(1)$ は明らかに成立する. 次に $k \in \mathbb{N}$ に対して, 今 $P(r)$ $(r \in \mathbb{N}_{\leq k})$ が全て成立すると仮定する. もし $k = 1$ なら $P(k+1) = P(2)$ は明らかに成立する. また $k > 1$ なら, 帰納法の仮定から特に $P(k-1), P(k)$ が成立する:

$$f_{k-1} = \frac{\alpha^{k-1} - \beta^{k-1}}{\alpha - \beta}; \qquad f_k = \frac{\alpha^k - \beta^k}{\alpha - \beta}.$$

ここで α, β は二次方程式 $X^2 - X - 1 = 0$ の解だから, 両辺の和を取ると

$$f_{k+1} = \frac{\alpha^{k+1} - \beta^{k+1}}{\alpha - \beta}$$

となり $P(k+1)$ も成立することが判る. したがって VMI により, 任意の $n \in \mathbb{N}$ に対して $P(n)$ が成立する.

二つの数学的帰納法は, どちらを用いても良いことが保証されている. その証明は省略するが, さほど困難ではなく, とても良い数理的な思考の練習となるので, 是非とも挑戦してみてほしい.

問題 1.1.2. 今 $m \in \mathbb{Z}$ として, 性質 $P(n)$ $(n \in \mathbb{Z}_{\geq m})$ を考えるとき, 次の (i), (ii) の同値性を証明せよ:
 (i) 任意の $n \in \mathbb{Z}_{\geq m}$ に対し $P(n)$ が成立することが MI により示される.
 (ii) 任意の $n \in \mathbb{Z}_{\geq m}$ に対し $P(n)$ が成立することが VMI により示される.

もう一つの整数に関する重要な原理としては, 次の様に定式化される**整列原理 (Well Ordering Principle) WOP** がある:

WOP 今 $m \in \mathbb{Z}, \emptyset \neq S \subseteq \mathbb{Z}_{\geq m}$ とする. このとき S は最小元を持つ.

具体的な応用例は §1.2.1 で定理 1.2.1 の証明に用いて与える.

問題 1.1.3. この WOP を MI から導け. 具体的には, 今 $m \in \mathbb{Z}$ として, 部分集合 $S \subseteq \mathbb{Z}_{\geq m}$ が最小元を持たないとする. このとき, 任意の $n \in \mathbb{Z}_{\geq m}$ に対し「$S \cap \mathbb{Z}_{\geq m, \leq n} = \emptyset$」という性質 $P(n)$ を MI により示せ.
 逆に WOP から MI を導け. 具体的には, 今 $m \in \mathbb{Z}$ として, 性質 $P(n)$ $(n \in \mathbb{Z}_{\geq m})$ を考え, 次の (i), (ii) が成立するとする:
 (i) 性質 $P(m)$ が成立する.
 (ii) 任意の $k \in \mathbb{Z}_{\geq m}$ に対して, もし性質 $P(k)$ が成立するならば性質 $P(k+1)$ も

成立する.

このとき $\{n \in \mathbb{Z}_{\geq m} \mid 性質 P(n) が成立しない \} = \emptyset$ を WOP により示せ.

1.2 除法定理 DT と b 進表記 b XP

整数の計算をすることを考えてみよう. つまり四則演算そのものの実行と, それ以前に具体的に整数を与える方式である.

1.2.1 除法定理と整除

四則演算のうち, 足算と引算 —— 加減算 —— は数え上げの操作として自然に実現され, また掛算 —— 乗算 —— も加減算を何回か反復する操作として実現される. 問題は割算 —— 除算 —— であるが, それは WOP により証明できる次の**除法定理 (Division Theorem) DT** が基本となる.

定理 1.2.1 (DT). 任意の $a \in \mathbb{Z}, b \in \mathbb{N}$ に対して,

$$a = bq + r, \qquad 0 \leq r < b,$$

となる唯一組の $(q, r) \in \mathbb{Z}^2$ が存在する.

証明. 今 $S := \{a - bz \in \mathbb{Z}_{\geq 0} \mid z \in \mathbb{Z}\}$ とする. もし $a \geq 0$ なら $z = 0$ として $0 \leq a = a - b \times 0 \in S$, もし $a < 0$ なら $z = a$ として $0 \leq a(1-b) = a - ba \in S$, 故に $S \neq \emptyset$. したがって WOP から S の最小元 r が存在する. そこで $r = a - bq \in S, q \in \mathbb{Z}$, と書く. もし $r \geq b$ とすると $0 \leq r - b = a - b(q+1) < r$ となり $r - b$ が r より小さい S の元となり矛盾である. 故に $0 \leq r < b$ である. また $a = bq' + r', q', r' \in \mathbb{Z}, 0 \leq r' < b$ なら, $b|q - q'| = |r - r'| < b$ だから $|q - q'| = 0$ 更に $|r - r'| = 0$ となり一意性も成立する. Q.E.D.

この DT と §1.1 の MI, VMI, WOP を駆使して, 殆どの整数の基本的性質が導かれるが, 詳細は [Tak71b, HW01] 等に譲ることとして, ここでは慣用の術語を思い出しながら記号を用意しておく. 一般に $x \in \mathbb{R}$ に対して

$$\lfloor x \rfloor, \lceil x \rceil, [x] \in \mathbb{Z}; \quad x - 1 < \lfloor x \rfloor \leq x \leq \lceil x \rceil < x + 1; \quad [x] := \lfloor x + 0.5 \rfloor$$

とする．特に $x > 0$ なら，それぞれ $\lfloor x \rfloor$, $\lceil x \rceil$, $\lfloor x \rceil$ は x の小数点以下**切捨て**, **切上げ**, **四捨五入**である．定理 1.2.1 の記号で a の b による割算の**商**は $\lfloor a/b \rfloor = q$, **剰余**つまり**余り**は $a - b \lfloor a/b \rfloor = r$ である．この r のことを**法 b のあるいは b を法とする a の最小非負剰余**と呼び，今後は $a \bmod b$ と表す：

$$a = b \left\lfloor \frac{a}{b} \right\rfloor + a \bmod b \quad \left(a \in \mathbb{Z}, b \in \mathbb{N}; \left\lfloor \frac{a}{b} \right\rfloor \in \mathbb{Z}, a \bmod b \in \mathbb{Z}_{\geq 0, < b} \right). \tag{1.1}$$

これからは，整数の b を法とする最小非負剰余全体を $\mathbb{Z}/b$ と書こう：

$$\begin{cases} \mathbb{Z}/b := \mathbb{Z}_{\geq 0, < b} = \{0, \ldots, b-1\} = \{a \bmod b \mid a \in \mathbb{Z}\} \ (b \in \mathbb{N}). \\ \mathbb{Z}/0 := \mathbb{Z}. \end{cases} \tag{1.2}$$

ときには余りとして**最小正剰余** s や**絶対値最小剰余** t を取ることもある：

$$s = a - b \left(\left\lceil \frac{a}{b} \right\rceil - 1 \right) \in \mathbb{Z}_{>0, \leq b}, \quad t = a - b \left\lfloor \frac{a}{b} \right\rceil \in \mathbb{Z}_{\geq -b/2, <b/2}. \tag{1.3}$$

そして $a \bmod b = 0$ のとき $b \mid a$ と書き b は a の**約数 (因数, 因子)**, a は b の**倍数**, a は b で**割切れる (整除される)** といい，逆に $a \bmod b \neq 0$ のとき $b \nmid a$ と書く．負の整数による除法を考えたり $0 \mid 0$ とするときもある．また $a_1, \ldots, a_n \in \mathbb{Z}$ が**互に素**とか，それらの**公約数**, **公倍数**, **最大公約数 GCD** $\gcd(a_1, \ldots, a_n)$ や**最小公倍数 LCM** $\mathrm{lcm}(a_1, \ldots, a_n)$ も通常の様に考える．**素数**全体は $\mathbb{P} = \{n \in \mathbb{N} \mid {}^{\sharp}\{d \in \mathbb{N} \mid d \mid n\} = 2\}$ で，**合成数**全体は $\mathbb{N}_{>1} \setminus \mathbb{P}$ で，特に 1 は素数でも合成数でもない．整除に於て**素因数分解 (Prime Factorization) PF** が一意的に可能なことが根本的である：

定理 1.2.2 (PF). 任意の $n \in \mathbb{N}$ の一意的 PF が存在する：

$$n = \prod_{p \in S} p^{e(p)} = \prod_{p \in \mathbb{P}} p^{e(p)}.$$

ただし，**素因数の有限集合** $S := \{p \in \mathbb{P} \mid p \mid n\}$ ($n = 1$ なら $S = \emptyset$), 各 $p \in \mathbb{P}$ に対し **p 指数** $e(p) \in \mathbb{Z}_{\geq 0}$, $p^{e(p)} \mid n$, $p^{e(p)+1} \nmid n$ とし $p^{e(p)} \| n$ と表す.

問題 1.2.1. 定理 1.2.2 を VMI と WOP で証明せよ.

各 $n \in \mathbb{Z}_{>1}$ に対して，最初の合成数判定として**試し割算**がある：

$$n \notin \mathbb{P} \iff d \mid n \text{ となる } d \in \mathbb{Z}_{>1, \leq \sqrt{n}} \text{ が存在する}.$$
$$\iff p \mid n \text{ となる } p \in \mathbb{P}_{\leq \sqrt{n}} \text{ が存在する}. \quad (1.4)$$

即ち n を 2 以上 $\sqrt{n}$ 以下の整数による除算で試してみる.

命題 1.2.1. 整数 $a, b, c \in \mathbb{Z}$ に関して, 今後引用せず使う次の性質がある:
  (i) $p \in \mathbb{P}, p \mid ab, p \nmid a \implies p \mid b$.
  (ii) $\gcd(a, b) = 1, a \mid bc \implies a \mid c$.
  (iii) $\gcd(a, b) = 1, a \mid c, b \mid c \implies ab \mid c$.
  (iv) 最大公約数 $\iff$ 任意の公約数の倍数である公約数.
  (v) 最小公倍数 $\iff$ 任意の公倍数の約数である公倍数.
  (vi) $ab = \gcd(a, b) \operatorname{lcm}(a, b)$.

問題 1.2.2. 以上の性質を証明せよ.

1.2.2 b 進表記

自然数を実際に与えるには, その数の何らかの表記法が必要である. それは定理 1.2.2 の PF の形でも良いが, 我々が普段用いるのは十進表記である. またコンピュータ等に於る表記法は二進, ときに八進, 十六進等である. 一般の**底**による展開は定理 1.2.1 DT の応用として次で正当化される.

定理 1.2.3 (b XP). 底を $b \in \mathbb{Z}_{>1}$ とする. 任意の $n \in \mathbb{N}$ に対して, 唯一の**桁数** $k \in \mathbb{N}$ と, 記号は (1.2) の通りで, 唯一組の**桁** $(n_{k-1}, \ldots, n_1, n_0) \in (\mathbb{Z}/b)^k, n_{k-1} > 0$, が定まり, 次の **$b$ 進表記** (b eXPression) b XP を与える:
$$n = (n_{k-1} \cdots n_1 n_0)_b := n_{k-1} b^{k-1} + \cdots + n_1 b + n_0.$$

特に 0 は b XP を $0 = (0)_b$ とすれば, 条件 $n_{k-1} > 0$ を除く定理 1.2.3 の結論を充している. また負の整数の b XP はマイナス符号を付けて書く. 今後は断らない限り自然数 (や整数) は何らかの b XP で考えているとする.

問題 1.2.3. 定理 1.2.3 を定理 1.2.1 と VMI により証明せよ.

例 1.2.1. 与えられた数の計算は b XP のままでできることを確認してほしい:

$$(1111)_2 + (1)_2 = (10000)_2.$$
$$(123)_{10} - (45)_{10} = (78)_{10}.$$
$$(40122)_7 \div (126)_7 = (260)_7 \ldots (12)_7.$$
$$(EA5)_{16} + (15B)_{16} = (1000)_{16}$$
$$(212)_{(11)_2} \times (122)_{(11)_2} = (112111)_{(11)_2}.$$

一般に b XP で書かれた数を **b 進数** と呼ぶ．これら表記で $(123)_{10}$ の 10 や $(1000)_{16}$ の 16 等は，それらが更に何進数なのかが問題になるが，約束として何も括弧や添字を付けない場合は十進数としておけば紛れがない．

注意 1.2.1. 誤解しないでほしいが $n \in \mathbb{N}$ を b XP で表しても，別の $c \in \mathbb{Z}_{>1}$ による c XP で表しても，元の n 自体は不変である：
$$n = (n_{k-1} \cdots n_1 n_0)_b = (m_{j-1} \cdots m_1 m_0)_c$$
これは単に表記法の違いで定理 1.2.2 の PF 表記も同じである．つまり
$$9 = 3 \times 3 = (1001)_2 = (21)_3 + (10)_2$$
の各辺は実体としては唯一つの同じ数の様々な表現に過ぎない．もし n が通常の様に 10 XP や 2 XP による表記で与えられているとき，それから n の PF による表記を求める計算は，一般には極めて困難で，後に第 5 章で詳しく学ぶ数論アルゴリズムに於る重要問題の一つである．

計算するという観点で考えると，与えられた自然数のサイズは重要な量の一つである．そして b XP で与えられた自然数のサイズは**桁数**なので，それがどうなるのかみておこう．例 1.1.1 に注意すれば，定理 1.2.3 の下で
$$b^{k-1} = (1\underbrace{0\cdots\cdots\cdots 0}_{k-1\ 桁})_b \leq n \leq (\underbrace{(b-1)\cdots\cdots\cdots(b-1)}_{k\ 桁})_b = b^k - 1$$
だから，各辺の b を底とする対数は $k-1 \leq \log_b n < k$ で，その桁数は
$$k = \lfloor \log_b n \rfloor + 1 \tag{1.5}$$

である．特に n の**ビット数** (**BInary digITS**) **bits** 即ち 2 XP の桁数は

$$\lfloor \log_2 n \rfloor + 1 = \lfloor \lg n \rfloor + 1 \tag{1.6}$$

である．別表記を**底の変換**により求めることは重要である：

算法 1.2.1 (XP). 記号は (1.1), (1.2) の通りで，底 $b, c \in \mathbb{Z}_{>1}$ および $(\mathbb{Z}/c) \cup \{c\} = \mathbb{Z}_{\geq 0, \leq c}$ の要素の b, c XP 対応表は与えられているとする．

入力 整数 $n \in \mathbb{Z}_{\geq 0}$ の b XP．

出力 整数 n の c XP $n = (n_{k-1} \cdots n_1 n_0)_c$．

手順 (i) 桁数の初期化 $k \leftarrow 1$．

(ii) 除算 $n \div c$ を b XP で行い，商 $n \leftarrow \lfloor n/c \rfloor$ は b XP のまま，剰余 $n_{k-1} \leftarrow n \bmod c$ を c XP で出力．もし $n = 0$ なら終了．

(iii) 桁数の更新 $k \leftarrow k + 1$ をして (ii) から反復．

注意 1.2.2. ここで n の c XP による桁数は割算の回数で，もちろんそれも k を最後に出力すれば得られる．

例 1.2.2. もし $b = 5, c = 10$ なら

$(0)_5$	$(1)_5$	$(2)_5$	$(3)_5$	$(4)_5$	$(10)_5$	$(11)_5$	$(12)_5$	$(13)_5$	$(14)_5$
0	1	2	3	4	5	6	7	8	9

で $10 = (20)_5$ だから，例えば 5 XP $(313)_5$ を十進数に変換する計算は

$$(313)_5 \div (20)_5 = (13)_5 \cdots (3)_5 = 3,$$
$$(13)_5 \div (20)_5 = (0)_5 \cdots (13)_5 = 8,$$

となり $(313)_5 = 83$．また，もし $b = 10, c = 4$ なら

0	1	2	3
$(0)_4$	$(1)_4$	$(2)_4$	$(3)_4$

で $(10)_4 = 4$ だから，例えば十進数 124 を 4 XP に変換する計算は

$$124 \div 4 = 31 \quad \cdots \quad 0 = (0)_4,$$
$$31 \div 4 = 7 \quad \cdots \quad 3 = (3)_4,$$
$$7 \div 4 = 1 \quad \cdots \quad 3 = (3)_4,$$
$$1 \div 4 = 0 \quad \cdots \quad 1 = (1)_4$$

となり $124 = (1330)_4$.

問題 1.2.4. 通常は十進表記 10 XP への変換は少し違う計算過程を辿る．今 $(A)_{26} = 0, \ldots, (Z)_{26} = 25$ とする．このとき $(BAD)_{26} = 26^2 + 3 = 679$ と計算される．これは割算でなく掛算をしているようだが何故だろう？では 2 XP と 8 XP の相互の変換 $(10101011)_2 = (253)_8$ や $(601)_8 = (110000001)_2$ はどうだろう？これらを例 1.2.2 の方法で計算して，その違いを考察せよ．

1.3 加減乗除の計算量 BC とビッグ O

今度は整数の計算に於てどの程度の領域や時間が費されるか調べよう．多くの場合には領域よりも時間の方が重要なので，この本では必要な計算時間についてのみ考える．

1.3.1 ビット演算量

自然数を 2 XP で計算する**ビット演算**の手間を考える．

加　算　その一桁，即ち 1 ビット (**BI**nary dig**IT**) **bit**, の計算の操作は，足されるビット x, 足すビット y, 下の桁からの繰上ビット z に対して，足した結果ビット r, 上の桁への繰上ビット c を，関係

$$x + y + z = (x)_2 + (y)_2 + (z)_2 = (cr)_2 = 2c + r$$

が充される様に定めることに注意すれば，次の四通りになる：
- もし x, y, z のうち 1 が 0 個なら $(r, c) \leftarrow (0, 0)$．
- もし x, y, z のうち 1 が 1 個なら $(r, c) \leftarrow (1, 0)$．
- もし x, y, z のうち 1 が 2 個なら $(r, c) \leftarrow (0, 1)$．
- もし x, y, z のうち 1 が 3 個なら $(r, c) \leftarrow (1, 1)$．

このビット演算は，どのマシン (や人) でも一定時間 (以内) で実行でき，それを単位に求めた計算時間を**ビット演算量 (Bit Complexity) BC** という．つまり 1 ビットの加算に必要な計算時間の何倍の計算時間がかかるか表す量である．この単位で計ると 2 XP で k 桁 (即ち k ビット) 以下の二つの数の加算に必要な時間は高々 k BC ということになる．

例 1.3.1. 自然数を小さい方から順に十分大きい $n \in \mathbb{N}$ 迄足すと

$$1 + 2 + \cdots + n = \frac{n(n+1)}{2}$$

となる．加算 $((m-1)m/2) + m$ $(m \in \mathbb{Z}_{\geq 2, \leq n})$ は $n-1$ 回で足される数の最大が $(n-1)n/2$ だから (1.6) により，全体で BC は高々

$$(n-1)\left(\left\lfloor \lg \frac{(n-1)n}{2} \right\rfloor + 1\right) \leq 2n \lg n.$$

減　算　同じ様に BC が定義できる．一ビットの減算は，引かれるビット x, 引くビット y, 下の桁への繰下ビット z に対して，引いた結果ビット r, 上の桁からの繰下ビット c を, 関係

$$2c + x - y - z = (cx)_2 - (y)_2 - (z)_2 = (r)_2 = r$$

が充される様に定めることに注意すれば，次の四通りになる:

- もし $(x, y, z) \in \{(0, 0, 0), (1, 0, 1), (1, 1, 0)\}$ なら $(r, c) \leftarrow (0, 0)$.
- もし $(x, y, z) = (1, 0, 0)$ なら $(r, c) \leftarrow (1, 0)$.
- もし $(x, y, z) = (0, 1, 1)$ なら $(r, c) \leftarrow (0, 1)$.
- もし $(x, y, z) \in \{(0, 1, 0), (0, 0, 1), (1, 1, 1)\}$ なら $(r, c) \leftarrow (1, 1)$.

このビット演算を単位として計ると 2 XP で k 桁 (即ち k ビット) 以下の二つの数の減算に必要な時間は高々 k BC ということになる．

乗除算　では乗算はどうだろうか．今 j ビットの数と k ビットの数

$$a = (a_{j-1} \cdots a_0)_2, \quad b = (b_{k-1} \cdots b_0)_2$$

を考える．このとき $i \in \mathbb{Z}/k$ (記号 (1.2) 参照) に対して

$$a^{(i)} := a \times 2^i = (a_{j-1}\cdots a_0 \underbrace{0\cdots\cdots\cdots 0}_{i \text{ ビット}})_2$$

は a を上位に i ビットほどシフトするので時間はかからない．また

$$a \times b = \sum_{\substack{i=0 \\ b_i=1}}^{k-1} a^{(i)}$$

であるから，ここで行われる加算は高々 $k-1$ 回である．しかも下位ビットから順番にする加算は，丁寧に個々の過程を見て不必要なビット加算をしなければ高々 j ビットの加算に過ぎない．これをまとめて，高々 $j(k-1)$ BC となる．除算も $j \geq k$ として j ビットの数 a を k ビットの数 b で割る計算で，商 $\lfloor a/b \rfloor$ (記号 (1.1) 参照) が ℓ ビットとして類似の考察をすれば，それは高々 $\ell k \leq (j-k+1)k$ BC となる．

問題 1.3.1. 除算に関する上の BC 評価を導け．

定理 1.3.1 (BC). 加減乗除の正確な BC を (1.6) の記号で述べる．もし $a,b \in \mathbb{Z}$, $a \geq b > 0$ ならば，加減算 $a \pm b$ の BC は高々

$$\lfloor \lg a \rfloor + 1,$$

乗算 $a \times b$ の BC は高々

$$(\lfloor \lg a \rfloor + 1)\lfloor \lg b \rfloor,$$

商 $a \div b$ と最小非負剰余 $a \bmod b$ を一緒に求める除算の BC は高々

$$\left(\left\lfloor \lg \left\lfloor \frac{a}{b} \right\rfloor \right\rfloor + 1\right)(\lfloor \lg b \rfloor + 1) \leq (\lfloor \lg a \rfloor - \lfloor \lg b \rfloor + 1)(\lfloor \lg b \rfloor + 1).$$

例 1.3.2. 例 1.3.1 を右辺の和の公式で計算する．加算 $n+1$ は $\lfloor \lg n \rfloor + 1$ BC である．乗算は，もし $2 \mid n$ なら $n+1$ は $\lfloor \lg n \rfloor + 1$ ビットで $(n+1) \times (n/2)$ を，もし $2 \nmid n$ なら $n \times ((n+1)/2)$ を計算する．乗算される数は高々 $\lfloor \lg n \rfloor + 1$ ビットだから，加算と併せて全体で BC は高々

$$\lfloor \lg n \rfloor + 1 + (\lfloor \lg n \rfloor + 1)\lfloor \lg n \rfloor \leq (\lg n + 1)^2.$$

注意 1.3.1. ここ迄は二進表記 2 XP による四則演算の計算時間で見てきたが,一般の bXP 計算や,特定の演算の何回もの繰返しを考える場合に於ても,似た議論が可能である.中でも **(二) 分割統治** (ii) の考え方等の重要な項目を以下に列挙しておく:

(i) 一般に 1 桁の加減算は一定時間ででき,その単純な反復による k 桁の加減算には 1 桁の加減算が k 回必要である.

(ii) 同様に,一定時間でできる計算の単純な n 回の反復は元の計算の n 倍時間がかかる.特に k 桁の数 m, n の積 $m \times n$ の計算に加算 $+m$ の反復を用いれば,せいぜい k^2 桁の加算の n 回の反復で,およそ nk^2 回の 1 桁の加算が必要となる.しかしこの場合,うまくやれば高々 $2 \lg n$ 回程度の加算の反復で済む方法があり,それによると 1 桁の加算は $2(\lg n)k^2 = 2(\lg b)k^3$ 回程度で済む.この原理は §1.4.1 の RS や AC として定式化されるもので,それは一定時間でできる計算の反復回数を特定の条件下で少くする手法の一つである.

(iii) 乗算は 1 桁なら乗積表 (九九) により一定時間でできる.そこで加算だけに頼らず k 桁の乗算をすれば,素朴な方法では 1 桁の乗算が k^2 回で,加算を $2(\lg b)k^3$ 回の反復する (ii) より更に速い.積に関しては,うまくやれば 1 桁の乗算の回数を更に減らす方法 DM があり,高々 $k^{\lg 3} \fallingdotseq k^{1.585}$ 回程度で済む方法がある.現在迄に画期的なのは FRST を用いる方法で,それによれば k 桁の乗算は 1 桁の乗算の $k \lg k$ 回に匹敵する速度でできる.これらは原理的には多項式の積の高速化で,後に §3.2.1 で述べる.

(iv) 除算や逆数を求める計算は一番複雑であるが,様々な工夫により乗算と並列的に議論でき,その計算の速度もほぼ同等である.本書では,その点は事実として認めることとして深入りしない.詳しくは例えば [Knu97, §4.3] や [CP01, §9.2] 等を参照してほしい.

1.3.2 漸近的計算量

計算時間を評価するときに一番問題なのは,どんなに悪い場合でもいくら時間を費せば計算が終了するか見当を付けることなので,以下では**計算量**とは最悪の場合に必要な BC, 即ち**最悪時間計算量**を意味するとしよう.

例 1.3.3. これ迄は厳密に計算量を評価してきた. ここでは $n \in \mathbb{N}$ の階乗 $n!$ の計算量を正確さを犠牲にして, なるべく簡単な式で表す. 定義通り計算すると, せいぜい $\lg n^n = n \lg n$ ビット程度の数と, せいぜい $\lg n$ ビット程度の数の, ほぼ n 回の乗算だから, 多くても計算量は $n^2 \lg^2 n$. 故に n の増加による, 計算量増加速度は $n^2 \lg^2 n$ の増加速度に比例する. もし n が 10 ビットのときに 1 秒かかれば, それが n が 100 ビットになれば $2^{180} \times 10^2 \fallingdotseq 10^{56}$ 秒かかる. この事情は, 階乗計算に限らず $Cn^2 \lg^2 n$ という計算量の場合は, どんな定数 $C \in \mathbb{R}_{>0}$ についても同様である.

この例に見る様に, 計算量に於て重要なのは定数倍 (比例定数 C) を除いた部分である. しかも入力データのサイズが増加するときの, 漸近的挙動が問題である. その様な漸近的評価に便利な記号をいくつか導入する. 上に有界ではない定義域 $D \subseteq \mathbb{R}$ を持ち, 十分大きい所では値が常に正となる関数 $f, g : D \ni x \mapsto f(x), g(x) \in \mathbb{R}$ に対して, その $x \to +\infty$ に於る振舞いを表現する慣用記号である:

$$
\begin{aligned}
f = O(g) &:\iff D_{\geq M} \text{ 上で } \frac{f}{g} \text{ が有界となる } M \in \mathbb{R} \text{ がある.} \\
f = o(g) &:\iff \lim_{x \to +\infty} \frac{f(x)}{g(x)} = 0. \\
f \sim g &:\iff \lim_{x \to +\infty} \frac{f(x)}{g(x)} = 1. \\
f = \Theta(g) &:\iff f = O(g) \text{ かつ } g = O(f). \\
f = \Omega(g) &:\iff g = O(f). \\
f = \omega(g) &:\iff g = o(f).
\end{aligned}
$$

定義の右辺にある $O(g), o(g)$ 等は単独で用いる場合もあり, 例えば $O(g)$ は「関数 g で割ると十分大きい所では有界となる関数」を一般的に表す. 定義から簡単に証明できる次の性質も, この機会に述べておく.

命題 1.3.1. 上の様な実数値関数 f, g に対して,

$$f = o(g) \implies f = O(g).$$
$$f \sim g \implies f = \Theta(g).$$

また $g(x) \to +\infty \ (x \to +\infty)$ なら,

$$\text{どんな } \varepsilon > 0 \text{ に対しても } f = O\left(g^{\varepsilon}\right) \iff f = g^{o(1)}.$$

問題 1.3.2. 命題 1.3.1 を証明せよ.

記号を忘れないうちに使用例を後に述べる結果に対して書いておく.

例 1.3.4. 二つの整数 $a, b \in \mathbb{Z}, a \geq b \geq 0$ の GCD を求める SD の計算量を評価した §2.1.1 の定理 2.1.1 は, 最大除算回数は $b \to +\infty$ のとき

$$\frac{\lg b + \lg(5 - \sqrt{5}) - 1}{\lg(1 + \sqrt{5}) - 1} + o(1)$$

と書ける. この式は「$\frac{\lg b + \lg(5-\sqrt{5})-1}{\lg(1+\sqrt{5})-1}$ に何か 0 に収束する関数を加えたもの」と読む. この「何か 0 に収束する関数」は定理 2.1.1 の証明を見れば具体的に判るが, それは実際上不必要なので, この様な書き方をする. また §2.1.2 の, 素数分布で決定的な定理 2.1.3 は $n \to +\infty$ のとき

$$\sharp\mathbb{P}_{\leq n} \sim \frac{n}{\log_e n} = \frac{n}{\ln n}$$

と書ける.

漸近的記法を含む式 $\alpha = \beta$ は, 通常の「α と β が等しい」と違い「どの α の形の関数も或 β の形の関数で書ける」という意味で, 左辺と右辺は対等でない. すぐ判るように α, β, γ に対して,

　　反射律　$\alpha = \alpha$
　　推移律　$\alpha = \beta, \beta = \gamma \implies \alpha = \gamma$
　　代入　$\alpha = \beta \implies \gamma + \alpha = \gamma + \beta, \gamma\alpha = \gamma\beta$

が成立する. 重要なのは, この等号はむしろ不等号に近い性質を持ち, 次の例の様に <u>**対称律** $\alpha = \beta \implies \beta = \alpha$ が成立しない</u> ことである. これらの詳細は [CLR90a, Chapter 2] を参照してほしい.

例 1.3.5. よく知られている様に $\lim_{n\to+\infty}(\lg n/n) = 0$ だから $O(\lg n) = O(n)$ だが $O(n) \neq O(\lg n)$ である.

特に O は **ビッグ O (big Order)** 記法と呼ばれ, 以下が成立する:

命題 1.3.2. 上の様な実数値関数 f, g と定数 $C \in \mathbb{R}_{>0}$ に対して,

$$f = O(f) \quad \text{(反射律)},$$
$$O(O(f)) = O(f) \quad \text{(推移律)},$$
$$O(f) + O(f) = O(f),$$
$$O(Cf) = O(f),$$
$$O(f)O(g) = O(fg).$$

特に $f_0, f_1, \ldots, f_k \in \mathbb{R}$, $f_k > 0$ なら $f_k x^k + \cdots + f_1 x + f_0 = O\left(x^k\right)$.

問題 1.3.3. 定義から命題 1.3.2 を導け.

これから $(\lfloor \lg n \rfloor + 1)^k = O\left(\lg^k n\right)$ だから, 前の定理 1.3.1 をまとめて

定理 1.3.2. 二つの $n \in \mathbb{N}$ 以下の自然数の, 一回の加減算, 乗除算の漸近的計算量は, それぞれ $O(\lg n), O\left(\lg^2 n\right)$ である.

注意 1.3.2. 今 **ソフト O (soft Order)** 記法 $\tilde{O}$ を次の様に定義する:

$$f = \tilde{O}(g) \quad :\Longleftrightarrow \quad \text{或 } k \in \mathbb{Z}_{\geq 0} \text{ に対し } f = O\left(g \lg^k g\right).$$

既知最高速算法ならば, 注意 1.3.1 の (iii), (iv) により, 乗除算計算量は $O\left(\lg n \lg \lg n \lg \lg \lg n\right) = \tilde{O}(\lg n)$ BC [CP01, §9.5.8] である.

対数冪和の評価は, 計算量評価によくでてくるので引用しておく:

命題 1.3.3. 今 $k := \lg e \fallingdotseq 1.44$ とすると, 任意の $m \in \mathbb{N}$ に対して,

1.3 加減乗除の計算量 BC とビッグ O

$$\sum_{i=1}^{n} \lg^m i \leq \int_1^{n+1} \lg^m x \, dx$$
$$= \left((n+1) \sum_{i=0}^{m} \frac{(-k)^i m!}{(m-i)!} \lg^{m-i}(n+1) \right) - (-k)^m m!$$
$$= O\left(n \lg^m n\right) \qquad (n \to +\infty).$$

注意 1.3.3. 定数 $k, \ell, m > 0$ に対して $\log_k n = \log_k \ell \log_\ell n$ $(n \in \mathbb{N})$ だから $\log_k{}^m n$ と $\log_\ell{}^m n$ とは定数 $\log_k{}^m \ell$ 倍しか違わない. したがって

$$O\left(\log_k{}^m n\right) = O\left(\log_\ell{}^m n\right)$$

であり, この様にビッグ O では log の冪による評価は底の取り方によらず, 特に $O\left(\ln^m n\right)$ と $O\left(\lg^m n\right)$ は同値である. したがって注意 1.3.1 で一般の b XP について述べたことは, 厳密な意味で正しい. 実際, 固定した底 $q \in \mathbb{Z}_{>1}$ の二つの q 進数の一桁の加減, 乗除は, それぞれ計算量が

$$O\left(\lg q\right) = O(1), \quad O\left(\lg^2 q\right) = O(1)$$

である. それ故, 二つの n 以下の q 進数の一回の加減乗除の計算量は, その一桁の演算が実行される回数, 即ち桁数 $O\left(\log_q n\right) = O(\lg n)$ のみに依存する. この様に, 四則演算は何進数で行おうと漸近的計算量は等しい.

例 1.3.6. 例 1.3.3 の $n!$ の漸近的計算量は $O(n^2 \lg^2 n)$ で, これは例 1.3.3 の様に大雑把でなく, 細かく評価しても同じになる. 少し長くなるが同じことを別の例で見る. 自然数の平方を小さい方から順に $n \in \mathbb{N}$ 迄足す:

$$1^2 + 2^2 + \cdots + n^2 = \frac{n(n+1)(2n+1)}{6}.$$

定理 1.3.2 より, 積は n 以下の数同士で計算量 $O\left(\lg^2 n\right)$, これが n 回だから全部で計算量 $nO\left(\lg^2 n\right) = O\left(n \lg^2 n\right)$, 和は n^3 以下の数同士が $n-1$ 回だから全部で計算量 $O\left((n-1) \lg n^3\right) = O(n \lg n)$, 故に総計算量

$$O\left(n \lg^2 n\right) + O(n \lg n) = O\left(n \lg^2 n\right).$$

これを精密に計算してもビッグ O 記法では同じ $O\left(n \lg^2 n\right)$ で, 変動の主要項

を見極める大切さが判る. 実際, 定理 1.3.1 より, 乗算 i^2 は $\lfloor \lg i \rfloor^2 + \lfloor \lg i \rfloor$ BC ($i \in \mathbb{Z}_{\geq 1, \leq n}$), 加算 $((i-1)i(2i-1)/6) + i^2$ は

$$\left\lfloor \lg \max\left(\frac{(i-1)i(2i-1)}{6}, i^2\right) \right\rfloor + 1$$
$$= \begin{cases} \lfloor \lg i^2 \rfloor + 1 & (i \in \{2, 3, 4\}) \\ \left\lfloor \lg \dfrac{(i-1)i(2i-1)}{6} \right\rfloor + 1 & (i \in \mathbb{Z}_{\geq 5, \leq n}) \end{cases}$$

BC となる. これを合計して命題 1.3.3 で評価すると, 総計算量は

$$\sum_{i=1}^{n}\left(\lfloor \lg i \rfloor^2 + \lfloor \lg i \rfloor\right) + n - 1 + \sum_{i=2}^{4}\lfloor \lg i^2 \rfloor + \sum_{i=5}^{n}\left\lfloor \lg \frac{(i-1)i(2i-1)}{6}\right\rfloor$$
$$\leq \sum_{i=1}^{n}\left(\lg^2 i + \lg i\right) + n - 1 + \sum_{i=2}^{4}\lg i^2 + \sum_{i=5}^{n}\lg\frac{(i-1)i(2i-1)}{6}$$
$$= \sum_{i=1}^{n}\lg^2 i + 2\sum_{i=1}^{n}\lg i + \sum_{i=1}^{2n-1}\lg i - n\lg 6 + \lg\frac{1728}{35}$$
$$\leq \int_{1}^{n+1}\lg^2 x\, dx + 2\int_{1}^{n+1}\lg x\, dx + \int_{1}^{2n}\lg x\, dx - n\lg 6 + \lg\frac{1728}{35}$$
$$= n\lg^2(n+1) + 2(1-k)n\lg(n+1) + 2n\lg n + \left(2k^2 - 4k + \lg\frac{2}{3}\right)n$$
$$\quad + \lg^2(n+1) + 2(1-k)\lg(n+1) + k + \lg\frac{1728}{35}$$
$$= O\left(n\lg^2 n\right)$$

となる.

例 1.3.7. 例 1.3.6 と反対に, 定理 1.3.2 を単純に適用しただけでは良い評価が得られない場合もある. 整数 n の b XP を c XP に変換する算法 1.2.1 XP の計算量を $n \to +\infty$ のときに求める. これは (1.5) により n の c XP 表示の桁数 $O(\log_c n) = O(\lg n)$ の回数の, 被演算子が n 以下の数の除算の反復だから, 定理 1.3.2 による計算量は $O(\lg n)O\left(\lg^2 n\right) = O\left(\lg^3 n\right)$ である. これは自身は正しいのだが, もう少し丁寧に考えれば, より良い計算量評価 $O\left(\lg^2 n\right)$ が得られる. 実際, 各除算の操作で被除数が n 以下で除数 c だから, 定理 1.3.1 により計算量は $O(\lg n \lg c) = O(\lg n)$ である. 更に, この様な操

作は $O(\log_c n) = O(\lg n)$ 回の反復となる．これをまとめると全体で計算量は $O(\lg^2 n)$ である．ここでは b と c は与えられた定数であり，計算量が n の増大に伴い変化する様子を求めるものである．故に c による一桁の b XP の除算は注意 1.3.3 より $O(1)$ であることを利用できる．

問題 1.3.4. 自然数の立方を小さい方から順に十分大きい $n \in \mathbb{N}$ 迄足す

$$1^3 + 2^3 + \cdots + n^3 = \frac{n^2(n+1)^2}{4}$$

の漸近的計算量は，左辺 $O\left(n \lg^2 n\right)$，右辺 $O\left(\lg^2 n\right)$ であることを示せ．

漸近的計算量の重要性は下の表で観察できる．計算量が表の最左列であるアルゴリズムについて，今 $n = 100$ のときの計算量を 1 として各 n に対する比率を求めた．

n	10	50	100	500	1000	10000
$O(1)$	1	1	1	1	1	1
$O(\lg n)$	0.5	0.85	1	1.35	1.5	2
$O(n)$	0.1	0.5	1	5	10	100
$O(n \lg n)$	0.05	0.42	1	6.75	15	200
$O\left(n^2\right)$	0.01	0.25	1	25	100	10000
$O\left(n^3\right)$	0.001	0.125	1	125	1000	1000000

しかし現実にプログラムを走らせて計算すると，さほど単純ではない．
- 漸近的評価では定数倍を考慮しないが，この定数も実際の計算では効く．或一定時間計算量 $O(1)$ のアルゴリズムが 1 分かかれば，別の計算量 $O(\lg n)$ で $n = 100$ のときに 1 秒かかるアルゴリズムの方が $n \leq 10^{120}$ では 1 分以内で終了して高速で，他の計算量 $O(n^3)$ で $n = 100$ のときに 1 秒かかるアルゴリズムですら $n \leq \lfloor 100\sqrt[3]{60} \rfloor = 391$ の範囲では勝る．
- 通常の計算量評価は，一台の計算機の主記憶を使うとして，ランダムアクセスできる配列等で計算するとき通用する．並列計算やベクトル計算，あるいは外部記憶等では別に議論が必要である．

- 関連して，漸近的に計算量が良いアルゴリズムを求めても，極端に n が大きければ実用上は逆に通用しなくなってしまう．何故だろう？それは現実のメモリ容量を超える範囲の n に対しては，計算量評価そのものが無意味だからである．

注意 1.3.4. 多変数関数の場合も，各変数が十分大きいときの挙動を評価する記号としてビッグ O が用いられる．上に有界ではない $D \subseteq \mathbb{R}$ について，領域 D^k 内の十分大きい所では値が常に正となる関数 $f, g : D^k \ni x \mapsto f(x), g(x) \in \mathbb{R}$ に対して，次の様に書く：

$$f = O(g) \ :\Longleftrightarrow \ (D_{\geq M})^k \text{ 上で } \frac{f}{g} \text{ が有界となる } M \in \mathbb{R} \text{ がある．}$$

1.4 冪法 RS, AC, 素数乗検出 PtPwD

これ迄に加減乗除について調べてきた．次に冪の計算と検出を調べる．

1.4.1 反復平方法と加法鎖

先ず冪の計算を考える．これは $n \in \mathbb{N}$ として乗算の定義された代数系で与えられた要素 x の n 乗 x^n を求めることである．ここで述べる原理は，整数のみならず演算の定義されている様々な代数系 (群，環，体等) で通用する．そこで総乗算回数のみ考える．この最小化は x の属する代数系で一回の乗算計算量が一定の場合に一層効果を発揮する．固定された法 $b \in \mathbb{N}$ の剰余では後の定理 2.2.1 の様に乗算一回が $O\left(\lg^2 b\right) = O(1)$ BC なので $x \in \mathbb{Z}/b$ が一例である．しかし $x \in \mathbb{Z}$ 等なら，どんどん乗算に現れる数の絶対値が増すので，乗算回数を減らすだけでは効果が少い．

素朴な方法は，順に $x^2, \ldots, x^n$ と，掛算 $\times x$ を

$$n - 1$$

回実行する．これに対し注意 1.3.1 (ii) で予告した効率化がある．今 $k := \lfloor \lg n \rfloor$ なら (1.6) により n は $k + 1$ ビットである．そこで

$$x_0 := x, \qquad x_i := x^{2^i} \leftarrow x_{i-1}{}^2 \quad (i = 1, \ldots, k)$$

を順に求めて掛算を k 回実行する．更に $n = (n_k \ldots n_1 n_0)_2$ なら

$$\nu(n) := {}^\sharp\{i \in \mathbb{Z}_{\geq 0, \leq k} \mid n_i = 1\}$$

として，次の掛算を $\nu(n) - 1$ 回実行する:

$$x^n = x^{(n_k \ldots n_1 n_0)_2} \leftarrow \prod_{\substack{i=0 \\ n_i = 1}}^{k} x_i.$$

この方法は，**反復 (繰返し) 平方法 (二乗法)** (**Repeated Squaring**) **RS** と呼ばれ，その総乗算回数は $k + \nu(n) - 1$ である．もし $n = 2^{k+1} - 1$ なら丁度 $2k$ 回の乗算が必要となる．即ち RS による n 乗に必要な乗算回数は

$$\lfloor \lg n \rfloor + \nu(n) - 1 \leq 2 \lfloor \lg n \rfloor \leq 2 \lg n \tag{1.7}$$

で評価され，最初の不等号が等号になるのは $n+1$ が 2 冪のときである．この RS を効率化する工夫は [Knu97] や [Coh93, §1.2] 等に詳しいのでアルゴリズムは省略する．

注意 1.4.1. 冪に限らず，注意 1.3.1 (ii) で説明した様に，この手段は同じ数の加算反復にも適用できるが，注意 1.3.1 (iii) で説明した乗算という更に高速な別の演算があれば，あまり意味はない．しかし一つしか演算が定義されていない代数系の場合，例えば §4.4.2 で紹介する楕円曲線等では，この考え方が引続き通用する．歴史的起源は紀元前 1800 年頃のエジプトや紀元前 200 年頃のインドに見られる古いアイデアである．

例 1.4.1. この RS は $n = 2^{k+1} - 1$ という形の場合に乗算回数が $2k$ 回と一番多くなり，もし $n = 15$ なら単純な RS では乗算が 6 回である．しかし $15 = 3 \times 5$ を利用すると $(x^3)^5$ と分けて 5 乗に RS を適用し $((x^3)^2)^2(x^3)$ と，乗算が $2 + 3 = 5$ 回で済む**分解法**がある．また一般の $b \in \mathbb{Z}_{>2}$ でも反復 b 乗法が考えられる．例えば $b = 5$ として $n = 23 = (43)_5$ に対して，順次 $x^2 = x \times x$, $x^3 = x^2 \times x$, $x^5 = x^2 \times x^3$, $x^{10} = x^5 \times x^5$, $x^{20} = x^{10} \times x^{10}$, $x^{23} = x^{20} \times x^3$ とすれば乗算は 6 回となる．このとき $n = (10111)_2 = 23 \in \mathbb{P}$ だか

ら RS では乗算が 7 回となる上に分解法はない.

例 1.4.1 の様な分解法や反復 b 乗法よりも, 更に少い回数の乗算で済む n はあるだろうか. そこで冪で実行される乗算過程を, 数列の言葉で定式化する. 今 $n \in \mathbb{N}$ に対して, その**長さ** r の**加法鎖** (**Addition Chain**) **AC** とは $r+1$ 項の有限自然数列 $\{a_i\}_{i=0}^r$ で

$$1 = a_0 < \cdots < a_r = n$$

を充し, 各 $i = 1, \ldots, r$ に対して, 先行する項 $j_i, k_i \in \mathbb{Z}$ を

$$a_i = a_{j_i} + a_{k_i}, \qquad 0 \le k_i \le j_i < i,$$

となる様に選ぶことができるものである. このとき x^n の計算は

$$x_0 := x, \qquad x_i := x_{j_i} \times x_{k_i} = x^{a_i} \quad (i = 1, \ldots, r)$$

とすれば, 一度計算した x_i ($i = 1, \ldots, r-1$) は再計算しないで再利用できるので, 最終的に $x_r = x^{a_r} = x^n$ となり r 回の乗算で求まる.

例 1.4.2. 素朴な冪の計算に対応する AC は

$$a_i := a_{i-1} + a_0 = i + 1 \quad (i = 1, \ldots, r).$$

即ち $j_i := i-1, k_i := 0$ ($i = 1, \ldots, r$) で, 長さ $r = n-1$ となる. また RS に対応する $n = (n_k \cdots n_0)_2$ の (ビットを左から右に見る) AC は

$$b_0 := n_k = 1; \quad b_{2i-1} := b_{2i-2} + b_{2i-2}, \, b_{2i} := b_{2i-1} + n_{k-i} \quad (i = 1, \ldots, k)$$

として, 数列 $\{b_0, \ldots, b_{2k}\}$ から $n_{k-i} = 0, b_{2i} = b_{2i-1}$ ($i = 1, \ldots, k$) と重複する項の一方を省き $\{a_i\}_{i=0}^r$ とする. 即ち $j_i := i-1, k_i \in \{i-1, 0\}$ ($i = 1, \ldots, r$) で, 長さ $r = k + \nu(n) - 1 = \lfloor \lg n \rfloor + \nu(n) - 1$ となる.

問題 1.4.1. ビットを右から左に見る RS に対応する AC を構成せよ.

したがって, できるだけ長さの短い AC を構成することが重要となる. ここで

$$\ell(n) :\iff n \text{ の最短 AC の長さ}$$

とすると, 明らかに $2^{\ell(n)} \geq n$ だから, 評価式 (1.7) は次の様に述べ直される.

定理 1.4.1. 一つの数の n 乗に必要な乗算回数は最少 $\ell(n)$ で, その評価は
$$\lg n \leq \lceil \lg n \rceil \leq \ell(n) \leq \lfloor \lg n \rfloor + \nu(n) - 1 \leq 2\lfloor \lg n \rfloor \leq 2\lg n.$$

問題 1.4.2. 定理 1.4.1 で $2^{\ell(n)} \geq n$ を示して $\lceil \lg n \rceil \leq \ell(n)$ を証明せよ.

もし AC $\{a_i\}_{i=0}^r$ が或 i で $a_{i-1} + 2 \leq a_i$ なら, 余分な項 $a_{i-1} + a_0$ を $a_{i-1} < a_{i-1} + a_0 = a_{i-1} + 1 < a_i$ と挿入できるが, それは事後未使用で長さを増すだけなので, 以下選んだ先行項は無駄が無いとする. 即ち $a_i = a_{j_i} + a_{k_i}, 0 \leq k_i \leq j_i < i \leq r$ に於て,
$$\{j_1, \ldots, j_r, k_1, \ldots, k_r\} = \{0, \ldots, r-1\}$$
と仮定する.

例 1.4.3. 積 mn の AC は, それぞれ m, n の AC $\{a_i\}_{i=0}^r, \{b_i\}_{i=0}^s$ から
$$c_i := a_i \ (i = 0, \ldots, r), \quad c_{r+i} := a_r b_i = a_r b_{j_i} + a_r b_{k_i} \ (i = 1, \ldots, s)$$
と構成できる. この mn の AC $\{c_i\}_{i=0}^{r+s}$ は長さ $r + s$ である. 特に
$$\ell(mn) \leq \ell(m) + \ell(n).$$
例えば $15 = 3 \times 5$ の AC は, 例 1.4.2 の RS に対応する $3, 5$ の AC
$$1 < 2 = 1 + 1 < 3 = 2 + 1,$$
$$1 < 2 = 1 + 1 < 4 = 2 + 2 < 5 = 4 + 1$$
から, 長さ 5 の
$$1 < 2 < 3 <$$
$$3 \times 2 = 6 = 3 + 3 < 3 \times 4 = 12 = 6 + 6 < 3 \times 5 = 15 = 12 + 3$$
が構成できる. これは例 1.4.2 の RS に対応する長さ 6 より短く, 最短の長さ $\ell(15) = 5$ で, 例 1.4.1 の分解法に対応する.

例 1.4.4. 例 1.4.1 の反復 5 乗法に対応する 23 の AC は

$1 < 2 < 3 = 2+1 < 5 = 3+2 < 10 = 5+5 < 20 = 10+10 < 23 = 20+3$

と構成できる．これは，例 1.4.2 の RS に対応する長さ 7 より短く，最短の長さ $\ell(23) = 6$ である．別に

$1 < 2 < 4 = 2+2 < 5 = 4+1 < 9 = 5+4 < 18 = 9+9 < 23 = 18+5$

も長さ 6 で 23 の最短 AC となる．

問題 1.4.3. 整数 $n = 33 = (100001)_2 = 3 \times 11$ の AC は，例 1.4.2 の RS と例 1.4.3 の分解法，いずれに対応するものが最短か調べよ．

一つの整数の最短 AC にも，例えば

$$\begin{cases} 1<2<3<5 \\ 1<2<4<5 \end{cases} \quad \begin{cases} 1<2<3<4=3+1<7 \\ 1<2<3<4=2+2<7 \end{cases}$$

の様な異る数列や異る構成法があるが，これは掛ける数の大きさによる計算効率からみれば今後検討の価値があるかもしれないが，普通は数列や構成法の一意性は考慮せず，その長さを評価することと，具体的な数列を生成することのみを問題とする．

注意 1.4.2. 与えられた自然数の最短 AC 構成問題は，一般には計算可能な問題の族の中では極めて困難な **NP 完全** という族に属すると予想されている．比較的機械的に短い AC が構成できるのは，例 1.4.2 の RS に対応する方法であるが，この場合 $2^n - 1$ の形なら定理 1.4.1 で最悪の評価となる．そこで $2^n - 1$ の AC を n の AC から構成したり，互いの長さの関係を調べることが興味深い問題となる．これに関しては予想

$$\ell(2^n - 1) \leq n + \ell(n) - 1$$

があるが部分的にしか解決していない [Knu97, §4.6.3]．加法鎖 AC の一般化は加減法鎖，加法乗法鎖や，加法列，ベクトル加法鎖等があり，また最近では通常の AC を 2 AC として，数列の和に参加する項数を q 個とする q AC 等も考えられている．これらも純粋に理論的な興味というより，何らかの計算効率

の向上に動機付けられている場合が多い.

最短 AC の木　参考のために [Knu97, §4.6.3] から $n \in \mathbb{N}_{\leq 100}$ の最短 AC を構成する木を引用する. 根 (ね, root) より各節点に到る道の途中の節点の値の列が, その節点の値 n の最短 AC で, 長さ $\ell(n)$ は値 n の節点の深さである. 具体的な AC 構成法は省くが, それを回復するのは困難でない. なお $n \in \mathbb{Z}_{>100}$ でも, これより $\ell(n)$ が小さいものもあるが, それらは省く.

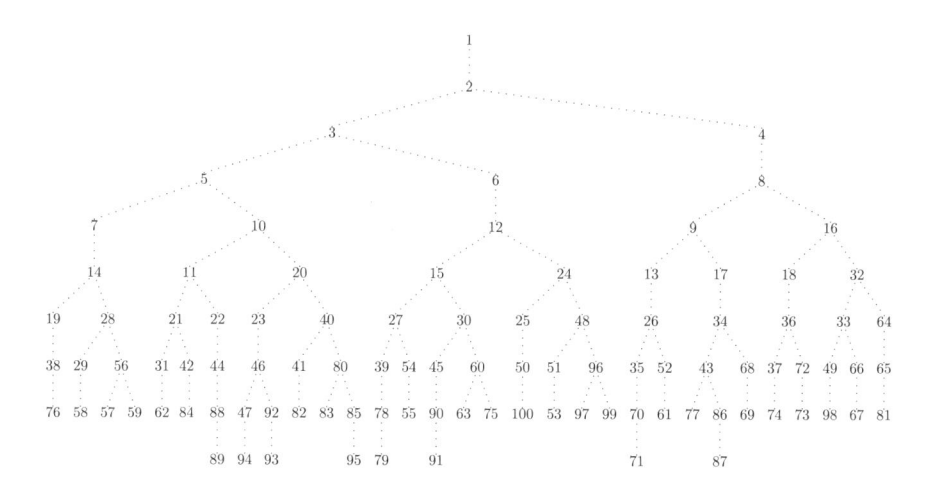

```
                                    1
                                    2
                        3                           4
                 5            6              8
             7     10      12         9         16
           14   11  20   15   24    13  17   18   32
         19 28 21 22 23 40 27 30 25 48 26 34 36 33 64
        38 29 56 31 42 44 46 41 80 39 54 45 60 50 51 96 35 52 43 68 37 72 49 66 65
        76 58 57 59 62 84 88 47 92 82 83 85 78 55 90 63 75 100 53 97 99 70 61 77 86 69 74 73 98 67 81
                           89 94 93       95 79   91                    71              87
```

問題 1.4.4. 上の AC の具体的な再構成を厳密に実行せよ.

1.4.2　冪検出

今度は冪の検出を考える. これは与えられた x が完全冪かどうかみて, そうなるときその冪根 y を求める, つまり $x = y^n$ となる y と $n \in \mathbb{Z}$ を探すことである. この計算は, 演算を考える x や y の属する代数系によっては, 仮に y が x と一緒に与えられていても極めて困難で, 後に第 6 章で学ぶ離散対数問題 DLP という数論アルゴリズムに於る重要問題の一つである. しかし $x \in \mathbb{Z}$ なら乗算により絶対値が増すのが §1.4.1 冒頭の段落で述べたのと逆に作用して, 比較的高速に冪検出できる. そこで $\underline{x \in \mathbb{Z}_{>1} \text{ の冪根 } y \in \mathbb{Z}_{>1}}$ に話を限る. このとき, もし $x = y^n$ なら $\lg x = n \lg y \geq n \lg 2 = n$ だから, 実際には $2 \leq n \leq \lfloor \lg x \rfloor$

の範囲で調べれば良い．これが高速計算できることは，第 5 章の IFP に於ても最初の段階で利用される．

素朴な方法は，各 n に対して，繰返し $y \leftarrow \lfloor \sqrt[n]{x} \rceil$ として $y^n = x$ かどうかみる．これは，適当な逐次近似法により高速に $\sqrt[n]{x}$ の近似値を求めて，それが既に整数から遠く離れていたら $y^n = x$ の検証も省いて良いし，もし整数に近ければ四捨五入して n 乗してみれば良い．あるいは，むしろ次の，**整数冪根 (Integer Power Root) IPwRt** $\lfloor \sqrt[n]{x} \rfloor$ 算法を使う方が，全て整数計算でできるので望ましい：

算法 1.4.1 (IPwRt). 記号は (1.1), (1.3) の通りとする．

入力 自然数 $x, n \in \mathbb{N}$.

出力 整数冪根 $y := \lfloor \sqrt[n]{x} \rfloor$ と冪 $z := y^n$.

手順 (i) 初期化 $y \leftarrow 2^{\lceil (\lfloor \lg x \rfloor + 1)/n \rceil}$, $q \leftarrow \lfloor y^{1-n} x \rfloor$.

(ii) 更新 $y \leftarrow y + \lfloor (q-y)/n \rfloor$, $z \leftarrow y^{n-1}$, $q \leftarrow \lfloor x/z \rfloor$ の後，もし $q < y$ なら (ii) から反復．

(iii) 整数冪根 y と冪 $z \leftarrow yz$ を出力して終了．

算法 1.4.1 は入力が任意の自然数で問題なく動くが，一瞬には終了しない $x > 1$, $2 \leq n \leq \lfloor \lg x \rfloor$ のときに計算量を考える．初期化 (i) の代りに $y \in \mathbb{Z}_{> \sqrt[n]{x}}$ として算法は正当性を保つが，これは二次収束する著名な (Newton) 近似法の整数化で，初期化 (i) により (ii) の反復は $O(\lg \lg x)$ 回である．更に，初期化の 2 冪計算はシフトにより殆ど時間がいらない．したがって，算法 1.4.1 の総演算回数は，定理 1.4.1 から $O(\lg n \lg \lg x)$ である．また，演算に現れる数は $2^n x \leq x^2$ 以下である．故に定理 1.3.2 より

定理 1.4.2. 任意の $x, n \in \mathbb{N}$ の整数冪根 $\lfloor \sqrt[n]{x} \rfloor$ と冪 $\lfloor \sqrt[n]{x} \rfloor^n$ の計算は $O\left(\lg n \lg^2 x \lg \lg x\right)$ BC，もし $n \leq \lg x$ なら $O\left((\lg x \lg \lg x)^2\right)$ BC.

これと命題 1.3.3 から，素朴な冪検出の漸近的 BC は次式で与えられる：

$$O\left((\lg x)^3 (\lg \lg x)^2\right). \tag{1.8}$$

問題 1.4.5. この冪検出の漸近的 BC 評価 (1.8) を証明せよ．

少しばかり工夫をしよう. 適当に小さい $B \in \mathbb{N}$ 以下の $p \in \mathbb{P}_{\leq B}$ で x を割り, その部分的 PF を求める:

$$x = z \prod_{p \in \mathbb{P}_{\leq B}} p^{e(p)}, \qquad z \in \mathbb{N}, \quad p \nmid z, \ e(p) \in \mathbb{Z}_{\geq 0} \ (p \in \mathbb{P}_{\leq B}).$$

個々の割算は $\lg B \lg x$ BC 以下で, 回数は x が二冪のときに最大約 $\lg x$ だが, それは滅多になく, ほぼ B の数倍で済む. 指数の GCD $d := \gcd(e(p) \mid p \in \mathbb{P}_{\leq B})$ は通常小さく, 範囲 $1 < n \mid d$ の z の冪検出で済む. 故に $d = 0$, つまり $p \nmid x \ (p \in \mathbb{P}_{\leq B})$ のとき, 範囲 $1 < n < \lceil \log_B x \rceil$ が問題である. また $x = y^n$ なら x の代わりに y をとれるから $n = \ell \in \mathbb{P}$ の場合, つまり**素数冪検出 (Primeth Power Detection) PtPwD** が本質的である. そこで

$$p \nmid x \quad (p \in \mathbb{P}_{\leq B}), \qquad n = \ell \in \mathbb{P}_{< \lceil \log_B x \rceil}$$

とできる. また $B \lg B > B \geq \lg x$ より $\ell \nmid x$ で良い. これとは別に, もし x が n 乗なら, 適当に小さい $C \in \mathbb{N}$ 以下の $m \in \mathbb{N}$ に対して $x \bmod m$ も同様なので, それを確めることができる. 故に, 次が有効である:

算法 1.4.2 (PtPwD). 記号は (1.1) の通りで, 適当な $B, C \in \mathbb{N}$ とする.

入力 整数 $x \in \mathbb{N}, p \nmid x \ (p \in \mathbb{P}_{\leq B})$, 素数 $\ell \in \mathbb{P}_{< \lceil \log_B x \rceil}$, $\ell \nmid x$ と素数表 $\mathbb{P}_{\leq C}$.
出力 判定「x は $\mathbb{N}$ 内で ℓ 乗でない」, あるいは $x = y^\ell$ となる ℓ 冪根 $y \in \mathbb{N}$.
手順 (i) もし $\ell = 2, x \bmod 8 \neq 1$ 又は $\ell > 2, x^{\ell-1} \bmod \ell^2 \neq 1$ なら「x は $\mathbb{N}$ 内で ℓ 乗でない」と判定して終了.
(ii) 各 $q \in \mathbb{P}_{\leq C}, q \bmod \ell = 1, q \nmid x$ に対して, もし $x^{(q-1)/\ell} \bmod q \neq 1$ なら「x は $\mathbb{N}$ 内で ℓ 乗でない」と判定して終了.
(iii) 整数冪根 $y \leftarrow \lfloor \sqrt[\ell]{x} \rfloor$ として, もし $y^\ell = x$ なら y を出力して終了, さもなくば「x は $\mathbb{N}$ 内で ℓ 乗でない」と判定して終了.

問題 1.4.6. 後の §2.2 定理 2.2.4 より算法 1.4.2 が正しいことを確認せよ.

注意 1.4.3. 単純な x の冪検出は (1.8) から計算量 $\tilde{O}\left(\lg^3 x\right)$ となる, ただし $\tilde{O}$ は注意 1.3.2 の通りとする. つまり与えられた数の桁数の 3 乗程度できる. 算法 1.4.2 で, それは改良できないが, この考え方に沿う工夫を究極までして,

ほぼ桁数 $\lg x$ に比例する時間 — **線型時間** — で, 正確には

$$\lg^{1+O\left(\sqrt{\ln\ln\ln x/\ln\ln x}\right)} x = \lg^{1+o(1)} x = \tilde{O}(\lg x) \tag{1.9}$$

で可能なことが [Ber98] により示されている.

注意 1.4.4. しばしば PF 計算で先ず問題なのは, 与えられた $x \in \mathbb{Z}_{>1}$ が**素冪** (**素数冪**, **Prime Power**) **PPw** かどうか, 即ち $x = y^n$ となる, 冪は素数と限らない $n \in \mathbb{Z}_{>1}$ で, 冪根自身が素数 $y \in \mathbb{P}$ の検出である. 算法 1.4.2 PtPwD の様に, 冪自身が素数 $n \in \mathbb{P}$ の冪根 $y \in \mathbb{Z}_{>1}$ — 素数乗の根 — の検出ではない. この問題は [LLMP93, §2.5] や [Coh93, §1.7.3] に, より限定的で実用的な方法がある. そこでは §4.2.3 の素数判定法を利用する.

注意 1.4.5. 特に $n = 2$, 即ち平方の場合は, 後に述べる §2.3 の平方剰余も利用できる. 詳細な議論は [Coh93, §§1.7.1–2] を参照されたい.

第2章

初等数論アルゴリズム

ここ迄は, 主に整数に関する初歩の代表的な論法, 表示法, 基本的演算や, それらの計算の手間について, 最も基礎的事項を学んできた. ここでは, それに基いて初等数論の基本算法についてまとめておく. その証明を含む詳細は, 引続き [Tak71b, HW01] 等を参考にしてほしい.

2.1 互除法 SD, XSD と合成数篩 CS

先ず, 普通の数の加減乗除に留まらない演算で, 整数固有の性質である約数・倍数や整除に関する, ギリシア時代以来古典的な基本アルゴリズムのうち, その代表的なものを二つ紹介する.

2.1.1 最大公約数

小中学校の初等数学では, 二つの自然数の最大公約数 GCD 計算に, 両者に共通する約数を探す様に教えられるが, 第 5 章の主題である自明でない約数発見は, 巨大な数になると大変である. それよりむしろ, 素直に小さい方で大きい方を割ることから始めるのが簡単であり, 割切れない場合も諦めずに少し考えれば, 定理 1.2.1 DT で $\gcd(a, b) = \gcd(b, r)$ なることに気付く. これにより, 初等数論に於て一番大切なアルゴリズム (Euclid) **互除法 (Successive Division) SD** に到る.

算法 2.1.1 (SD). 記号は (1.1) の通りとする.

入力 整数 $a, b \in \mathbb{Z}_{\geq 0}$.
出力 GCD $d := \gcd(a, b)$.

手順 もし $b=0$ なら $d \leftarrow a$ を出力して終了,さもなくば除算 $a \div b$ を行い $(a,b) \leftarrow (b, a \bmod b)$ として先頭から反復.

例 2.1.1. もし $a=222, b=84$ なら,以下の SD により $\gcd(222, 84) = 6$.

a	b
222	84
84	$222 \bmod 84 = 54$
54	$84 \bmod 54 = 30$
30	$54 \bmod 30 = 24$
24	$30 \bmod 24 = 6$
6	$24 \bmod 6 = 0$

問題 2.1.1. 算法 2.1.1 が正しいことを MI により証明せよ.

算法 2.1.1 SD は GCD 計算だけでなく,あらゆる数論アルゴリズムに於て必要不可欠で,これなくしては何も語れない —— 殆ど互除法 SD に尽る.後に重要となる次の線型不定方程式の整数解も,これで計算できる.

命題 2.1.1. 任意の $a, b, c \in \mathbb{Z}$ に対して,変数 X, Y に関する不定方程式

$$aX + bY = c$$

が解 $(X, Y) = (r, s) \in \mathbb{Z}^2$ を持つ必要十分条件は

$$d := \gcd(a, b) \mid c$$

である.そして $d \mid c$ のとき $a \neq 0$ なら,記号は (1.2) の通りで,その様な $r \in \mathbb{Z}/(|b|/d)$ は唯一つである.もし $a = b = 0$ でない(即ち $d > 0$)なら,一組の解 (r, s) に対して,解全体の集合は以下の通りとなる:

$$(r, s) + \left(\frac{b}{d}, -\frac{a}{d}\right)\mathbb{Z} = \left\{\left(r + \frac{b}{d}k,\ s - \frac{a}{d}k\right) \mid k \in \mathbb{Z}\right\}.$$

証明. 方程式が解を持てば a, b の公約数が c を割切り $d \mid c$ は自明である.逆に,方程式が $c = d$ のときに解を持てば $d \mid c$ でも解を持つが,実際 $c = d$

なら下の算法 2.1.2 により解を持つ．その他の主張は簡単なので問題とする．
Q.E.D.

問題 2.1.2. 命題 2.1.1 の残りの主張を示せ．

次の**拡張互除法** (eXtended Successive Division) **XSD** は GCD 計算だけでなく，それと共に命題 2.1.1 で $c = d$ のときの解を，実際に計算することにより，その証明をも完結する．

算法 2.1.2 (XSD). 記号は (1.1) の通りとする．
入力 整数 $a, b \in \mathbb{Z}_{\geq 0}$.
出力 GCD $d := \gcd(a, b)$ と $ra + sb = d$ となる $(r, s) \in \mathbb{Z}^2$.
手順 (i) もし $b = 0$ なら $(d, r, s) \leftarrow (a, 1, 0)$ を出力して終了，さもなくば $(d, x, r, y) \leftarrow (a, b, 1, 0)$.
 (ii) 除算 $d \div x$ を行い $(d, x, r, y) \leftarrow (x, d \bmod x, y, r - y \lfloor d/x \rfloor)$.
 (iii) もし $x = 0$ なら $(d, r, s) \leftarrow (d, r, (d - ar)/b)$ を出力して終了，さもなくば (ii) へ．

例 2.1.2. 今 $a = 1221, b = 1001$ に対して XSD を適用すると

	d	r
	1221	1
$\lfloor 1221/1001 \rfloor = 1$	1001	0
$\lfloor 1001/220 \rfloor = 4$	220	$1 - 0 \times 1 = 1$
$\lfloor 220/121 \rfloor = 1$	121	$0 - 1 \times 4 = -4$
$\lfloor 121/99 \rfloor = 1$	99	$1 - (-4) \times 1 = 5$
$\lfloor 99/22 \rfloor = 4$	22	$(-4) - 5 \times 1 = -9$
$\lfloor 22/11 \rfloor = 2$	11	$5 - (-9) \times 4 = 41$
	0	$-9 - 41 \times 2 = -91$

となり $d = 11, r = 41, s = (11 - 1221 \times 41)/1001 = -50$. これより

$$41 \times 1221 + (-50) \times 1001 = 11 = \gcd(1221, 1001).$$

問題 2.1.3. 算法 2.1.2 が正しいことを MI により証明せよ．

注意 2.1.1. 通常 SD や XSD は $a \geq b$ で適用し一回だけ除算を減らせる場合がある．

これらの除算回数は実感だけでなく理論的にも少ないことが証明できる．

定理 2.1.1. 互除法 SD や XSD による $a, b \in \mathbb{Z}, a \geq b > 0$ の GCD 計算の除算回数は，高々 $1.441 \lg b + 0.673$ 程度，より正確には $b \to +\infty$ のとき

$$\frac{\lg b + \lg\left(5 - \sqrt{5}\right) - 1}{\lg\left(1 + \sqrt{5}\right) - 1}$$

程度となる．更に，それと同じ回数の乗減算で XSD は終了する．

証明. 除算 1 回なら考慮の対象外で $a > b > a \bmod b > 0$ として良い．すると同じ a に対して除算回数最大なのは，常に 2 回目以降の商が 1 で b が最大のときで，それは例 1.1.3 の数列に対応する $b = f_n > a \bmod b = f_{n-1}, n \in \mathbb{Z}_{>2}$ の場合の $n - 1$ 回である．ここで例 1.1.3 により

$$b = \frac{\alpha^n - \beta^n}{\alpha - \beta}; \qquad \alpha := \frac{1 + \sqrt{5}}{2}, \beta := \frac{1 - \sqrt{5}}{2}$$

だから，その回数は

$$n - 1 = \frac{\lg b + \lg(1 - (\beta/\alpha)) - \lg(1 - (\beta/\alpha)^n)}{\lg \alpha}$$

となり $b \to +\infty$ として結果が得られる． Q.E.D.

定理 1.3.2 (又は 1.3.1) と定理 2.1.1 によれば，二つの $a, b \in \mathbb{Z}_{\geq 0}$ の SD や XSD の計算量は $O\left(\lg^3 \max(a, b)\right)$ だが，例 1.3.6 と違い詳しくは

定理 2.1.2. 入力 $a, b \in \mathbb{Z}, a \geq b > 0$ に対する SD や XSD の計算量は

$$O((\lg a)(\lg b)) = O\left(\lg^2 a\right).$$

正確には $k = \lfloor \lg a \rfloor + 1, \ell = \lfloor \lg b \rfloor + 1$ で，反復回数が n なら BC は高々

$$\text{SD:} \quad (k + n - 1)\ell, \qquad \text{XSD:} \quad (4k + 3n)\ell.$$

証明. 前半は,定理 2.1.1 と後半からの帰結なので,後半を証明する. 計算過程は, 最初に $d_{-1} := a, d_0 := b, r_{-1} := 1, r_0 := 0$ として,

$$q_i := \left\lfloor \frac{d_{i-2}}{d_{i-1}} \right\rfloor, \quad d_i := d_{i-2} \bmod d_{i-1}, \quad r_i := r_{i-2} - r_{i-1} q_i \quad (i \in \mathbb{N}_{\leq n})$$

となり $d_{i-1} \leq b \, (i \in \mathbb{N}_{\leq n})$ である. 除算の総 BC は,定理 1.3.1 により,

$$\sum_{i=1}^n \left(\lfloor \lg d_{i-2} \rfloor - \lfloor \lg d_{i-1} \rfloor + 1 \right) \left(\lfloor \lg d_{i-1} \rfloor + 1 \right) \leq (k+n-1)\ell$$

である. また $d_{n-1} = d, r_{n-1} = r$ であり,次のことが MI により示される:

$$0 < r_1 \leq -r_2 < \cdots < (-1)^{n-2} r_{n-1} < (-1)^{n-1} r_n = \frac{b}{d} \leq b.$$

これから, 同様の計算で乗減算の BC が判り, 最後の $(d-ar)/b$ の高々 $(2k+2)\ell$ BC と併せて XSD の総 BC 評価が得られる. Q.E.D.

注意 2.1.2. 互除法 SD の計算量は [CP01, §9.4.3] 等で紹介されている様に, 注意 1.3.2 の記号で $O\left(\lg a \, (\lg\lg a)^2 \lg\lg\lg a\right) = \tilde{O}(\lg a)$ とできる.

問題 2.1.4. 定理 2.1.2 の証明で,数列 r_i の関係式と $i=1$ での乗減算は 2 BC であることに注意して XSD の BC 評価を示せ.

2.1.2 素数の列挙と計数

既に度々みた様に適当な素数表の常備は便利で必須である. 個々の自然数が素数かどうかの決定は, 第 4 章で主題とする素数判定 PRIMES で, それなりに面倒だが, 表から不要な合成数 — 即ち何かの倍数 — を消しても素数表ができる. 何かの倍数は一定間隔で現れるので時間がかからず作業でき, 初等数論に於る前の SD に次ぐ大切なアルゴリズム (Eratosthenes) **合成数篩 (Composites Sieve) CS** に到る. このアイデアでは殆ど四則演算が不要で, 代表的計算困難問題 — 第 5 章の整数分解問題 IFP や第 6 章の離散対数問題 DLP 等 — に於ても活用されている.

算法 2.1.3 (CS). 合成数判定 (1.4) により,奇数の篩を実行する.
入力 整数 $n \in \mathbb{Z}_{>1}$.

出力　素数表 $\mathbb{P}_{\leq n}$.

手順　(i) 奇数表 $T \leftarrow (1+2\mathbb{N})_{\leq n}$ と初期値 $(p, q) \leftarrow (3, 9)$.

(ii) 条件 $q \leq n$ が成立する間は以下を反復:

(a) もし $p \in T$ なら以下を実行:

条件 $q \leq n$ が成立する間は以下を反復:

篩 $(T, q) \leftarrow (T \setminus \{q\}, q + 2p)$.

(b) 次の奇数 $p \leftarrow p + 2$ として $q \leftarrow p^2$.

(iii) 素数表 $\mathbb{P}_{\leq n} \leftarrow \{2\} \cup T$ を出力して終了.

算法 2.1.3 CS では,表 T への操作 1 回は四則演算の計算量 BC に比して極めて小さい時間計算量でできる利点がある.それでも手間としては初期化だけで n 回の表への操作が必要となる.またループの中で p^2 の計算量を命題 1.3.3 で評価すると,どうしても $O\left(n \lg^2 n\right)$ BC となってしまう.それ以外の部分は後述の素数分布を調べて正確に評価できるが,ここではむしろ [CP01, Algorithm 3.2.2] の様に,究極迄工夫した CS は

$$O\left(\frac{n \lg n}{\lg \lg n}\right) \tag{2.1}$$

と計算量評価ができることを引用しておく.なお,これ迄に公開されている最大の素数表 (正確には素数カリキュレータ) は [Boo98] であり,そこでは小さい方から数えて 10^{12} 番目迄の素数表 $\mathbb{P}_{\leq 3 \times 10^{13}}$ が得られる.その他 [Cal94] から各種素数に関するデータが参照できる.これらインターネットで公表されているデータは,日々刻々更新されており,正しさが公式に確認されていない場合も多いので,それらの点を注意する必要がある.

例 2.1.3. 例えば $n = 150$ とすると

p	q	T
3	9	3, 5, 7, 9, 11, 13, 15, 17, ..., 145, 147, 149
3	9, 15, 21, 27, 33, 39, 45, 51, 57, 63, 69, 75, 81, 87, 93, 99, 105, 111, 117, 123, 129, 135, 141, 147, 153	3, 5, 7, 11, 13, 17, 19, 23, 25, 29, 31, 35, 37, 41, 43, 47, 49, 53, 55, 59, 61, 65, 67, 71, 73, 77, 79, 83, 85, 89, 91, 95, 97, 101, 103, 107, 109, 113, 115, 119, 121, 125, 127, 131, 133, 137, 139, 143, 145, 149
5	25, 35, 45, 55, 65, 75, 85, 95, 105, 115, 125, 135, 145, 155	3, 5, 7, 11, 13, 17, 19, 23, 29, 31, 37, 41, 43, 47, 49, 53, 59, 61, 67, 71, 73, 77, 79, 83, 89, 91, 97, 101, 103, 107, 109, 113, 119, 121, 127, 131, 133, 137, 139, 143, 149
7	49, 63, 77, 91, 105, 119, 133, 147, 161	3, 5, 7, 11, 13, 17, 19, 23, 29, 31, 37, 41, 43, 47, 53, 59, 61, 67, 71, 73, 79, 83, 89, 97, 101, 103, 107, 109, 113, 121, 127, 131, 137, 139, 143, 149
9	81	同上
11	121, 143, 165	3, 5, 7, 11, 13, 17, 19, 23, 29, 31, 37, 41, 43, 47, 53, 59, 61, 67, 71, 73, 79, 83, 89, 97, 101, 103, 107, 109, 113, 127, 131, 137, 139, 149
13	169	同上

となる.

では, この様に列挙できる素数は, どう分布しているのだろうか. これには, その証明には深い数論の知識を必要として本書の範囲を越えるが, **素数定理 (Prime Number Theorem) PNT** として知られる, 次の感銘すべき理論的結果 [CP01, Theorem 1.1.3] がある.

定理 2.1.3 (PNT). 次の漸近的評価が成立する.

$$\lim_{n\to+\infty} \frac{\#\mathbb{P}_{\leq n}}{n/\ln n} = 1.$$

この PNT を, 例 1.3.4 の形に書き直してみると「大きい $n \in \mathbb{N}$ に対して, それ以下の素数の個数は大体 $\dfrac{n}{\ln n}$ である」と読める. この様に, 素数の個数を勘定 — 計数 — するのは漸近評価が極めて精密にできる. しかしながら, 誤差の全然無い厳密な計数には, 上述した CS を用いるのが, やはり一番速い.

注意 2.1.3. この PNT は, 一つの自然な解釈として「大きい $n \in \mathbb{N}$ を勝手に取れば, それが素数である確率は大体 $\frac{n/\ln n}{n} = \frac{1}{\ln n}$ である」と読むことができる. この考え方は, 素数の分布について様々な予測をするのに適用して, 非常に精度の高い実験値と近い結果を得ることができる. 例えば, 無限に沢山あると予想されている**双子素数** $n, n+2 \in \mathbb{P}$ の組数は, この確率を単純に適用すれば $n/\ln^2 n$ と予測できる. もう少し精密な確率論的議論をした予測は実験値に極めて近いことが [CP01, §1.2.1] に解説してあり, それを支える最近のデータ [Dub05] もある.

2.2 互いに素な法の剰余定理 CPMRT と既約剰余類群の原始根 PR

今度は, 整数が整除できない余りがある場合の考察で, 割算の余り, 即ち剰余, に関する, やはり中国古来の古典的な基本原理と, それと対照的に比較的新しい原理を紹介する.

2.2.1 合同式と計算量

そこで, 特定の法 $n \in \mathbb{N}$ の剰余を, 統一的に処理する便利な術語と記号を導入する. 先ず n の倍数全体を $n\mathbb{Z} := \{ns \mid s \in \mathbb{Z}\}$ として, 除算 (1.1) による $a \in \mathbb{Z}$ の余り $a \bmod n$ と同じ余りの整数全体 — 初項 a 公差 n の算術級数 — をまとめて扱うために, 両者を同一視して同じ (同値) と考える:

$$a + n\mathbb{Z} := \{a + ns \mid s \in \mathbb{Z}\} = a \bmod n \in \mathbb{Z}_{\geq 0, < n} = \{0, \dots, n-1\}. \quad (2.2)$$

本当は $a \bmod n \in a + n\mathbb{Z}$ だが, 代表元で同値類をも表記し**剰余類**と呼ぶ. このとき, 法 n の剰余類全体は (1.2) の表記とも整合性を持つ

$$\mathbb{Z}/n = \mathbb{Z}_{\geq 0, <n} = \{a \bmod n \mid a \in \mathbb{Z}\} = \{a + n\mathbb{Z} \mid a \in \mathbb{Z}\} \tag{2.3}$$

となる. 代表は (1.3) の様に取ることもある. 法 n で剰余の和差積は和差積の剰余だから, この $\mathbb{Z}/n$ では加減乗が結合・分配・交換法則を含め自由に可能で, 乗法の**単位元** $1 = 1 \bmod n$, 加法の**零元** $0 = 0 \bmod n$ である. この性質を持てば**単位可換環**といい, 典型は**整数環** $\mathbb{Z}$ で, また $\mathbb{Z}/n$ もそうである. 単位可換環 R では 1 の $m \in \mathbb{Z}$ 倍 $m \cdot 1$ も m と書くが, もし或 $m \in \mathbb{N}$ が R で 0 のとき WOP により R は**標数** $\operatorname{ch} R := \min\{m \in \mathbb{N} \mid R \text{ で } m = 0\}$ といい, さもなくば $\operatorname{ch} R := 0$ とする. もちろん $\operatorname{ch}(\mathbb{Z}/n) = n$ で $\operatorname{ch} \mathbb{Z} = 0$ である.

例 2.2.1. 念のため, 記号に慣れる意味で $n = 6$ のときを挙げておく. 先ず

$$\mathbb{Z}/6 = \{0, 1, 2, 3, 4, 5\}$$

である. 標数 $\operatorname{ch}(\mathbb{Z}/6) = 6$ で加法・乗法の表は以下の通りである.

+	0	1	2	3	4	5
0	0	1	2	3	4	5
1	1	2	3	4	5	0
2	2	3	4	5	0	1
3	3	4	5	0	1	2
4	4	5	0	1	2	3
5	5	0	1	2	3	4

×	0	1	2	3	4	5
0	0	0	0	0	0	0
1	0	1	2	3	4	5
2	0	2	4	0	2	4
3	0	3	0	3	0	3
4	0	4	2	0	4	2
5	0	5	4	3	2	1

前の (2.2), (2.3) は $\mathbb{Z}$ の**イデアル** $n\mathbb{Z}$ による**剰余類** $a + n\mathbb{Z}$ や**剰余環** $\mathbb{Z}/n$ の慣用記号として正当化され, 同様に (1.2) の $\mathbb{Z}/0 = \mathbb{Z}$ も正当化される. 今後 $\mathbb{Z}/n$ を**法 n の (n を法とする)** 剰余環と呼ぶ. ここでは加減乗は自由にできるが, 乗法の逆演算は注意が必要である. 例 2.2.1 の乗法表をじーっと睨むと乗法の逆元が無いとき, 即ち乗法の単位元 1 が無い行 (列) $0, 2, 3, 4$ がある. 一般に単位可換環 R の元で乗法の逆元があるものを**可逆元**, **単元**又は**単数**, その全

体を**単数群**と呼び $R^\times$ と表す:

$$R^\times := \{x \in R \mid xy = 1 \text{ となる } y \in R \text{ がある }\}. \tag{2.4}$$

特に $R^\times = R \setminus \{0\}$ なら R を**体** (もし有限集合なら**有限体**) といい $R^\times$ を R の**乗法群** という. 次の命題 2.2.1 から $p \in \mathbb{P}$ なら $\mathbb{Z}/p$ は標数 p の有限体であり, これを**有限素体**と呼ぶ. また $(\mathbb{Z}/n)^\times$ を法 n の**既約剰余類群**, その要素を**既約剰余** (**類**) と呼ぶ. そして法 0 なら (1.2) より:

$$(\mathbb{Z}/0)^\times = \mathbb{Z}^\times = \{\pm 1\}. \tag{2.5}$$

命題 2.2.1. 法 $n \in \mathbb{N}$ の既約剰余の逆元は算法 2.1.2 XSD で求められ,

$$(\mathbb{Z}/n)^\times = \{a \in \mathbb{Z}/n \mid \gcd(a, n) = 1\} = \{a + n\mathbb{Z} \mid a \in \mathbb{Z}, \gcd(a, n) = 1\}.$$

証明. 任意の $a \in \mathbb{Z}$ に対して, 定義 (2.4) から

$$\begin{aligned}
a + n\mathbb{Z} \in (\mathbb{Z}/n)^\times &\iff ar + n\mathbb{Z} = 1 + n\mathbb{Z} \text{ となる } r \in \mathbb{Z} \text{ がある} \\
&\iff ar + ns = 1 \text{ となる } r, s \in \mathbb{Z} \text{ がある} \\
&\iff \gcd(a, n) \mid 1.
\end{aligned}$$

最後の同値性は命題 2.1.1 により, また r は算法 2.1.2 XSD で求まる. Q.E.D.

例 2.2.2. 例 2.2.1 で $(\mathbb{Z}/6)^\times = \{1, 5\}$ だが, 他にいくつか例を挙げる:

$$(\mathbb{Z}/5)^\times = \{1, 2, 3, 4\},$$
$$(\mathbb{Z}/8)^\times = \{1, 3, 5, 7\},$$
$$(\mathbb{Z}/10)^\times = \{1, 3, 7, 9\}.$$

次に $\mathbb{Z}/n$ での等式である**合同式**を導入する. 任意の $a, b \in \mathbb{Z}$ に対して,

$$a \equiv b \pmod{n} :\iff a \bmod n = b \bmod n \iff n \mid a - b \tag{2.6}$$

とする. この合同式は法 n の計算に非常に便利である.

例 2.2.3. 古くから知られている各種割算の剰余に関する法則も, この合同式で簡単に導ける. 例えば九去法は $10 \equiv 1 \pmod{9}$ だから, 十進数

$$(a_k \cdots a_0)_{10} = a_k 10^k + \cdots + a_0 \equiv a_k + \cdots + a_0 \pmod{9}$$

で, 各桁の和 $a_k + \cdots + a_0$ が 9 で割った余りとなる. 他に十進数 10 XP の 2, 3, 5, 7, 11 および 13 去法が [Chi95, §I.6.C] に紹介されている.

問題 2.2.1. 十進数の 4 去法および 8 去法を導け. また $10^4 \equiv -1 \pmod{73}$ を利用して, 同じパタンを 4 桁毎反復する $8k$ 桁の十進数

$$(\underbrace{abcd \cdots\cdots\cdots abcd}_{8k \text{ 桁}})_{10}$$

(例えば 5391539153915391539153915391) は 73 の倍数である事を示し 73 去法を創案せよ.

例 2.2.4. 合同式の簡約は $m, a, b \in \mathbb{Z}, m \neq 0$, に対して, 定義から

$$ma \equiv mb \pmod{n} \iff a \equiv b \pmod{\frac{n}{\gcd(m, n)}}$$

となる. また命題 2.1.1 の言い替えは「変数 X に関する一次合同式 $aX \equiv b \pmod{n}$ が解を持つ必要十分条件は $d := \gcd(a, n) \mid b$ で, このとき $\mod (n/d)$ で一意的に解が定まる」となる. これ以外に『等式』として説明してきた事実を, やはり『合同式』として色々に言い替えてみると有益である.

ここで合同式に於る基本演算一回の計算量を第 1 章によりまとめておく.

定理 2.2.1. 法 $n \in \mathbb{N}$ の合同式の演算一回の計算量は, **加減算**が各 $O(\lg n)$ BC で, **乗算**や既約剰余の**逆元算**が各 $O(\lg^2 n)$ BC であり, また $m \in \mathbb{N}$ について m 乗をする **冪法**が $O(\lg m \lg^2 n)$ BC である.

証明. 加減算は, 高々 n の整数の和や差に $O(\lg n)$, 結果の調整は高々 $2n$ の整数と n との加減だから, 計算量は $O(\lg(2n))$, 故に総計算量は $O(\lg n) + O(\lg(2n)) = O(\lg n)$. 乗算は, 高々 n の整数の積に $O(\lg^2 n)$, 結果の調整は高々 n^2 の整数の n による除算だから計算量は $O(\lg^2 n^2)$, 故に総計算量は $O(\lg^2 n) + O(\lg^2 n^2) = O(\lg^2 n)$. 逆元計算は, もし $a \in (\mathbb{Z}/n)^\times$ なら, XSD を用いて $ax + ny = \gcd(a, n) = 1$ となる $x, y \in \mathbb{Z}$ がとれ, その計算量は定理 2.1.2 により $O(\lg^2 n)$ となる. このとき $ax \equiv 1 \pmod{n}$ である. 冪法は, 反復平方法を用いれば良く, 乗算の結果の調整を加えても, 定理 1.4.1 により計

算量が $O\left(\lg m \lg^2 n\right)$ となる. Q.E.D.

注意 2.2.1. 注意 1.3.2, 2.1.2 より法 n の加減乗と逆元算は皆 $\tilde{O}(\lg n)$ である.

法 $n \in \mathbb{N}$ の既約剰余類群 $(\mathbb{Z}/n)^\times$ は有限可換群で, 位数

$$\varphi(n) := {}^\sharp(\mathbb{Z}/n)^\times \tag{2.7}$$

は (Euler) **ファイ関数**と呼ばれ, 各元の $\varphi(n)$ 乗は単位元 1 になるが, 命題 2.2.1 により, これは次の良く知られた合同式の性質として述べられる:

定理 2.2.2 (ファイ関数). もし $n \in \mathbb{N}, a \in (\mathbb{Z}/n)^\times$ ならば

$$a^{\varphi(n)} \equiv 1 \pmod{n}.$$

特に $n \in \mathbb{P}$ ならば $\varphi(n) = n-1$ で

$$a^{n-1} \equiv 1 \pmod{n}. \tag{2.8}$$

例 2.2.5. 小さい $n \in \mathbb{N}$ に対するファイ関数の値を挙げておく:

n	1	2	3	4	5	6	7	8	9	10	11	12	13	14	15	16
$\varphi(n)$	1	1	2	2	4	2	6	4	6	4	10	4	12	6	8	8

注意 2.2.2. この節の結果は $n=1$ なら殆ど意味がないが, それでも全て成立する. また $n=0$ でも, それらの多くは成立することを確認してほしい.

2.2.2 互いに素な法

割算の余りは, 互いに素な法に分解して考えれば良いことが, 古くから知られていた. 紀元前 220 年頃, 孫子が弟子に「3 で割ると 2 余り, 5 で割ると 3 余り, 7 で割ると 2 余る数は何か」と尋ねたとされる問題の答は 23 である. これは $105 = 3 \times 5 \times 7$ で割った余り, つまり $\mathbb{Z}/105$ の数は, それを 3, 5, 7 で割った余りが $2 \in \mathbb{Z}/3, 3 \in \mathbb{Z}/5, 2 \in \mathbb{Z}/7$ であることを知れば, たった一つの答 $23 \in \mathbb{Z}/105$ が求まるという意味である. この一般化原理である**互いに素な法の剰余定理** (CoPrime Moduli Remainder Theorem) CPMRT 定式化

のために単位可換環 A, B の**直和** $A \oplus B$ を定義する．それは直積集合

$$A \oplus B := \{(x, y) \mid x \in A, y \in B\}$$

に，任意の $(x, y), (u, v) \in A \oplus B$ に対する成分毎の和と積

$$(x, y) + (u, v) := (x + u, y + v), \qquad (x, y)(u, v) := (xu, yv)$$

を考えた単位可換環である．零元は $(0, 0)$，乗法の単位元は $(1, 1)$ である．乗法の可逆元全体は群としての**直積**

$$(A \oplus B)^\times = A^\times \times B^\times := \{(x, y) \mid x \in A^\times, y \in B^\times\}$$

である可換群となっている．

定理 2.2.3 (CPMRT). もし $m, n \in \mathbb{N}$, $\gcd(m, n) = 1$ ならば，積 mn を法とする剰余は，その m を法とする剰余と n を法とする剰余とから，一意的に定まる．より詳しくは，次の写像

$$\mathbb{Z}/mn \ni a + mn\mathbb{Z} \xmapsto{\sim} (a + m\mathbb{Z}, a + n\mathbb{Z}) \in \mathbb{Z}/m \oplus \mathbb{Z}/n$$

は**環同型** (単位元と加乗算を保つ全単射) である．特に次の群同型が成立する:

$$(\mathbb{Z}/mn)^\times \cong (\mathbb{Z}/m)^\times \times (\mathbb{Z}/n)^\times.$$

証明. 互いに素という仮定により，任意の $a, b \in \mathbb{Z}$ に対して，

$$a \equiv b \pmod{mn} \iff a \equiv b \pmod{m}, \, a \equiv b \pmod{n}$$

だから，上の写像は正しく定義される単射であり，また $^\sharp(\mathbb{Z}/m \oplus \mathbb{Z}/n) = {}^\sharp(\mathbb{Z}/mn) = mn$ だから，これは全射でもある．この写像による，和の像は像の和であり，積の像は像の積だから，残りの主張は自明である． Q.E.D.

問題 2.2.2. これに倣い $m, n \in \mathbb{N}$ の LCM $\ell := \mathrm{lcm}(m, n)$ を法とする剰余環で次は単射**環準同型** (加乗算を保つ写像) になることを示せ:

$$\mathbb{Z}/\ell \ni a + \ell\mathbb{Z} \mapsto (a + m\mathbb{Z}, a + n\mathbb{Z}) \in \mathbb{Z}/m \oplus \mathbb{Z}/n.$$

注意 2.2.3. 定理 2.2.3 は $\gcd(m, n) \neq 1$ なら若干修正が必要だが，それについては [Coh93, Theorem 1.3.9] 等を参照してほしい．

上の証明は構成的でなく計算に向かないが, 実際には XSD を利用した次のアルゴリズムが与える別証明で, 目的とするものが得られる.

算法 2.2.1 (CPMRT). 定理 2.2.3 で写像の原像を求め全射性を示す.

入力 法 $m, n \in \mathbb{N}$ と剰余 $b \in \mathbb{Z}/m, c \in \mathbb{Z}/n$.

出力 判定「$\gcd(m, n) = 1$ でない」, あるいは $a \equiv b \pmod{m}$, $a \equiv c \pmod{n}$ を充す剰余 $a \in \mathbb{Z}/mn$.

手順 (i) 算法 2.1.2 XSD により $d \leftarrow \gcd(m, n)$ と $rn + sm = d$ となる $r, s \in \mathbb{Z}$ を計算.

(ii) もし $d = 1$ なら剰余 $a \leftarrow (brn + csm) \bmod mn$ を出力して終了, さもなくば「$\gcd(m, n) = 1$ でない」と判定して終了.

問題 2.2.3. 算法 2.2.1 CPMRT が正しいことを確認せよ.

算法 2.2.1 CPMRT の計算量は $m \leq n$ なら, 定理 2.1.2 より (i) が $O(\lg m \lg n) = O(\lg^2 n)$ で, 定理 2.2.1 より (ii) も $O(\lg^2 mn) = O(\lg^2 n)$ なので,

$$O(\lg^2 n) \tag{2.9}$$

となる. また XSD 部分 (i) は同じ m, n なら一度だけ計算すれば良い. 算法 CPMRT は, 例えば [CP01, §9.5.9] で紹介されている様に, 注意 1.3.2 の記号で計算量が

$$\tilde{O}(\lg n) \tag{2.10}$$

とできることが, 注意 2.1.2, 2.2.1 からも判る.

例 2.2.6. 本節冒頭の孫子の例は, 単純に $2 \equiv 2, 2 + 3 = 5 \equiv 0, 5 + 3 = 8 \equiv 3 \pmod{5}$, $8 \equiv 1, 8 + 15 = 23 \equiv 2 \pmod{7}$ で答がでる. しかし $110 \in \mathbb{Z}/111, 1000 \in \mathbb{Z}/1001$ なら, 初期値 $a \leftarrow 110 \bmod 1001$ から始めて 1000 回 $a \leftarrow a + 111 \bmod 1001$ を計算して, ようやく $111110 \equiv 110 \pmod{111}, \equiv 1000 \pmod{1001}$ で手間がかかる. これを算法 2.2.1 で計算すると, 入力 $m = 111, n = 1001, b = 110, c = 1000$ に対して $r = -55, s = 496$ が XSD により各 4 回の減乗除算で求まり, また

$110 \times (-55) \times 1001 + 1000 \times 496 \times 111 = 48999950 \equiv 111110 \pmod{111111}$
が加算 1 回, 乗算 4 回, 除算 1 回で得られる.

問題 2.2.4. 例 2.2.6 の単純な方法は計算量が $O(n \lg^2 n)$ であることを示せ.

命題 2.2.1 より $p \in \mathbb{P}$, $k \in \mathbb{N}$ なら $(\mathbb{Z}/p^k)^\times = \{a \in \mathbb{Z}/p^k \mid p \nmid a\}$ で, 定義 (2.7) から $\mathbb{Z}/p^k$ 内の p の倍数を除き $\varphi(p^k) = p^k - p^{k-1}$. 故に

$$\varphi(n) = \prod_{\substack{p \in \mathbb{P} \\ p \mid n}} \left(p^{e(p)} - p^{e(p)-1} \right) = n \prod_{\substack{p \in \mathbb{P} \\ p \mid n}} \left(1 - \frac{1}{p} \right) \tag{2.11}$$

が定理 2.2.3 CPMRT から従う. ただし, 記号は定理 1.2.2 PF の通りとする.

注意 2.2.4. 既約剰余 $a \in (\mathbb{Z}/n)^\times$ の逆元は, 定理 2.2.2 から

$$a^{-1} \equiv a^{\varphi(n)-1} \pmod{n}$$

でも計算できるが, 計算量は命題 2.2.1, 定理 2.1.2 の $O(\lg^2 n)$ より大きく, 定理 2.1.1 より $O(\lg^3 n)$ となる. しかもこれは $\varphi(n)$ が既知の場合のみ有効で, いずれ §5.1.2 の注意 5.1.1 で見る様に, それには本質的に n の PF が必要で実用的でない.

2.2.3　素冪の法

一般の法 $n \in \mathbb{N}$ の剰余環 $\mathbb{Z}/n$ の構造は, 加群は $1 = 1 \bmod n$ を生成元とする位数 n の**巡回群** $\mathbb{Z}/n = [1 \bmod n]$ で問題ない. 乗法の既約剰余類群 $(\mathbb{Z}/n)^\times$ は, 計算効率は別にして定理 1.2.2 の PF を n に施し, 定理 2.2.3 CPMRT により各素冪因子を法とする既約剰余類群の直積として考えれば良い. そこで法が素冪 PPw の剰余環の既約剰余類群の構造が大切となる. この場合を少し詳しくみよう. なかでも奇素数冪を法とする既約剰余類群が巡回群であることが後に重要となってくる.

定理 2.2.4 (ModPPw). もし $p \in \mathbb{P}$, $e \in \mathbb{N}$, ならば

$$(\mathbb{Z}/p^e)^\times = \begin{cases} \langle g \rangle & \cong \mathbb{Z}/(p-1)p^{e-1} & (p > 2 \text{ 又は } e \leq 2) \\ \langle -1 \rangle \times \langle g \rangle & \cong \mathbb{Z}/2 \oplus \mathbb{Z}/2^{e-2} & (p = 2, e \geq 3) \end{cases}$$

となる $g \in \mathbb{Z}$ が存在する. 後者では $g = 3$ でも $g = 5$ でも良い.

証明. 式 (2.11) で $^{\#}\left((\mathbb{Z}/p^e)^\times\right) = \varphi(p^e) = (p-1)p^{e-1}$ をみた. 後は各要素である既約剰余類の位数を調べれば良いが, 詳細は [Tak71b, HW01] 等に譲り省略する. Q.E.D.

この定理と定理 2.2.3 CPMRT により, 法 $n \in \mathbb{Z}_{>1}$ の既約剰余類群が (2.7) の記号で位数 $\varphi(n)$ の巡回群である, 即ち

$$(\mathbb{Z}/n)^\times = \langle g \rangle = \{g, g^2, \ldots, g^{\varphi(n)} = 1\}$$

となる $g \in \mathbb{Z}$ が存在する, ための必要十分条件は

$$n \in \{2, 4\} \cup \{p^e, 2p^e \mid p \in \mathbb{P}_{>2}, e \in \mathbb{N}\}$$

である. この場合に g は n を法とする (あるいは法 n の) **原始根 (Primitive Root) PR** と呼ばれる. 本質的なのは法が奇素数冪のときであるが, 特に奇素数の法について判れば冪を上げることは容易である:

算法 2.2.2 (PRPPw). 算法 2.2.3 と併せ, 法が奇素数冪の PR を得る.
入力 奇素数 $p \in \mathbb{P}_{>2}$ と p を法とする PR $g \in \mathbb{Z}$.
出力 任意の $e \in \mathbb{Z}_{>1}$ に対する p^e を法とする PR.
手順 もし $g^{p-1} \not\equiv 1 \pmod{p^2}$ なら g, さもなくば $g + p$ を出力して終了.

問題 2.2.5. 算法 2.2.2 が正しいことを $x \in \mathbb{Z}/p$ に対して

$$(g + px)^{p^{e-2}(p-1)} \equiv 1 \pmod{p^e} \iff (g + px)^{p-1} \equiv 1 \pmod{p^2}$$

$$\iff x \equiv \frac{g\left(g^{p-1} - 1\right)}{p} \pmod{p}$$

を e に関する MI と命題 2.1.1 により確認して示せ.

奇素数を法とする場合は既知の群位数と同じ位数を持つ剰余を探すのだから, その位数の素因数を利用する手段がある.

算法 2.2.3 (PRP). 手順中の PF が適当な方法でできることが前提である.
入力 奇素数 $p \in \mathbb{P}_{>2}$.
出力 法 p の最小正原始根 $g \in \mathbb{Z}$.

手順 (i) 先ず PF により $S \leftarrow \{q \in \mathbb{P} \mid q \mid p-1\}$ を求め $g \leftarrow 2$ とする.
(ii) もし全ての $q \in S$ に対して $g^{(p-1)/q} \not\equiv 1 \pmod{p}$ なら g を出力して終了,さもなくば $g \leftarrow g+1$ として反復.

注意 2.2.5. 算法 2.2.3 は $g \leq p - \varphi(p-1)$ で試せば良いが,例えば 2 が PR の場合が無限にあるという (Artin) **原始根予想**もあり,最初の数個で普通成功する.完全冪となる g,例えば $g = 4$ 等,で試す意味はないが,これを逐一チェックする効果は殆どなく,むしろ次節の平方剰余等を考慮した方が良い.問題は PF に時間がかかる場合で,例えば $(p-1)/2 \in \mathbb{P}$ となる (Sophie Germain) **特殊素数** $p \in \mathbb{P}$ 等に対しては,単純な試し割算で PF をするのでは駄目で,それに本書の後半部分のテクニックを駆使する必要が生じてくる.

例 2.2.7. 算法 2.2.3 PRP で,法 $p \in \mathbb{P}$ の最小正原始根 g を求める:

p	2	3	5	7	11	13	17	19	23	29	31	37	41	43	47
g	1	2	2	3	2	2	3	2	5	2	3	2	6	3	5

もし $p = 5$ なら $2^2 \equiv -1 \not\equiv 1 \pmod 5$. もし $p = 7$ なら $2^3 \equiv 1; 3^3 \equiv -1 \not\equiv 1, 3^2 \equiv 2 \not\equiv 1 \pmod 7$, 等々とする.次に算法 2.2.2 PRPPw で,法が奇素数冪の PR を求める.法 $p = 3$ の原始根 $g = 2$ は $2^2 = 4 \not\equiv 1 \pmod 9$ だから法 3^e ($e \in \mathbb{N}$) の原始根でもある.法 $p = 7$ の原始根 $g = 3$ も $3^6 \equiv 43 \not\equiv 1 \pmod{49}$ だから法 7^e ($e \in \mathbb{N}$) の原始根である.同じことは上の表の全てでいえる.しかし法 $p = 40487$ の最小原始根 $g = 5$ を取ると $5^{40486} \equiv 1 \pmod{40487^2}$ だから,法 40487^e ($e \in \mathbb{Z}_{>1}$) の原始根は $g + p = 5 + 40487 = 40492$ に取り替える必要がある.その様な最小素数が $p = 40487$ で,因みに法 40487^e ($e \in \mathbb{Z}_{>1}$) の最小正原始根は 10 である.

2.2.4 反転公式

定義 (2.7) と公式 (2.11) のファイ関数 φ は (Euler) トーティエントとも呼ばれ,それを導入する別の方法がある.そこには自然数に対して定義された関数の関係を示す重要な公式も含まれているので,ここでまとめて述べておく.以下の内容は [Apo76, Chapter 2] を参照してほしい.

先ず**数論的関数**全体

$$R := \{\alpha \mid \alpha : \mathbb{N} \longrightarrow \mathbb{C}\}$$

は, 加法 + と乗法 (畳込, convolution) * とを, 任意の $\alpha, \beta \in R$ に対して,

$$(\alpha + \beta)(n) := \alpha(n) + \beta(n), \quad (\alpha * \beta)(n) := \sum_{\substack{d \in \mathbb{N} \\ d \mid n}} \alpha(d)\beta\left(\frac{n}{d}\right)$$

により決めると単位可換環になり, その零元 0 と乗法の単位元 1 とは

$$0(n) := 0 \quad (n \in \mathbb{N}), \qquad 1(n) := \begin{cases} 1 & (n = 1), \\ 0 & (n \in \mathbb{N}_{>1}), \end{cases}$$

である. 単数群 $R^\times = \{\alpha \in R \mid \alpha(1) \neq 0\}$ は部分群として**乗法的関数 (multiplicative function)** 全体 S を持つ:

$$S := \{\alpha \in R \mid \alpha(1) = 1,\ \alpha(ab) = \alpha(a)\alpha(b)\ (a, b \in \mathbb{N},\ \gcd(a, b) = 1)\}.$$

完全乗法的関数 (totally multiplicative function) 全体

$$T := \{\alpha \in R \mid \alpha(1) = 1,\ \alpha(ab) = \alpha(a)\alpha(b)\ (a, b \in \mathbb{N})\} \quad (\subsetneq S)$$

は部分群でないが二つの $\beta, \gamma \in T$ に対して $\alpha := \beta * \gamma^{-1} \in S$ は β, γ の比 (quotient of totally multiplicative functions) で定まる S の要素なので**トーティエント (totient)** と呼ばれる. 特に $k \in \mathbb{Z}_{\geq 0}$ 乗関数

$$\iota_k(n) := n^k \quad (n \in \mathbb{N})$$

は $\iota_k \in T$ なので (Jordan) トーティエント $J_k \in S$ が $J_k * \iota_0 = \iota_k$ と定まる. そして $k = 1$ のときがファイ関数 $\varphi = J_1$ なので, これでトーティエントとしてファイ関数を定義できる. 即ち $\varphi * \iota_0 = \iota_1$ であることが判る:

$$\sum_{\substack{d \in \mathbb{N} \\ d \mid n}} \varphi(d) = n. \tag{2.12}$$

実際, この恒等式は以下の様にして確認できる. 先ず

$$\mu(n) := \begin{cases} 0 & (p^2 \mid n \text{ となる } p \in \mathbb{P} \text{ が存在する}), \\ (-1)^{\sharp\{p \in \mathbb{P} \mid p \mid n\}} & (\text{それ以外}), \end{cases}$$

で (Möbius) **ミュウ関数** $\mu \in S$ を定めれば $\iota_0 * \mu = 1$, つまり

$$\sum_{\substack{d \in \mathbb{N} \\ d \mid n}} \mu(d) = \prod_{\substack{p \in \mathbb{P} \\ p \mid n}} (1 + \mu(p)) = 1(n) = \begin{cases} 1 & (n = 1), \\ 0 & (n \in \mathbb{N}_{>1}), \end{cases}$$

となる. 他方, 公式 (2.11) から $\varphi = \iota_1 * \mu$, つまり

$$\varphi(n) = n \sum_{\substack{d \in \mathbb{N} \\ d \mid n}} \frac{\mu(d)}{d} = \sum_{\substack{d \in \mathbb{N} \\ d \mid n}} d\,\mu\left(\frac{n}{d}\right) \tag{2.13}$$

が容易に確認できる. 結局 $\varphi * \iota_0 = \iota_1 * \mu * \iota_0 = \iota_1$ となり (2.12) が成立し, ファイ関数の定義として (2.13) を採用しても良い. また, 逆に

$$J_k(n) = (J_k * \iota_0 * \mu)(n) = (\iota_k * \mu)(n) = \sum_{\substack{d \in \mathbb{N} \\ d \mid n}} d^k\,\mu\left(\frac{n}{d}\right)$$

が同様に導かれる. この考え方は $\alpha, \gamma \in R$ に対して「$\alpha * \iota_0 = \gamma \iff \alpha = \gamma * \mu$」という事実, 即ち (Möbius) **反転公式**として定式化されている

$$\sum_{\substack{d \in \mathbb{N} \\ d \mid n}} \alpha(d) = \gamma(n) \iff \alpha(n) = \sum_{\substack{d \in \mathbb{N} \\ d \mid n}} \gamma(d)\,\mu\left(\frac{n}{d}\right) \tag{2.14}$$

に基いている. 反転公式は $\beta \in R^\times$ に対して $\delta \in R$, $\beta * \delta = 1$ とすると

$$\sum_{\substack{d \in \mathbb{N} \\ d \mid n}} \alpha(d)\,\beta\left(\frac{n}{d}\right) = \gamma(n) \iff \alpha(n) = \sum_{\substack{d \in \mathbb{N} \\ d \mid n}} \gamma(d)\,\delta\left(\frac{n}{d}\right) \tag{2.15}$$

と拡張され, 特に $\beta \in T$ ならば, 一般のトーティエント α にも適用できる

$$\sum_{\substack{d \in \mathbb{N} \\ d \mid n}} \alpha(d)\,\beta\left(\frac{n}{d}\right) = \gamma(n) \iff \alpha(n) = \sum_{\substack{d \in \mathbb{N} \\ d \mid n}} \gamma(d)\,\beta\left(\frac{n}{d}\right)\mu\left(\frac{n}{d}\right) \tag{2.16}$$

となる. 以上について, より詳しいことを知りたい読者は, 本節の先頭で挙げた [Apo76, Chapter 2] 等を見ると良い.

2.3 平方剰余規準 QRC および平方剰余相互法則 QRL, XQRL

ここでは初等数論の精髄で今も一般化が研究されている原理を紹介する.

2.3.1 奇素数を法とする場合

法 $n \in \mathbb{N}$ の既約剰余 $a \in (\mathbb{Z}/n)^\times$ が平方数のとき, 即ち $a \equiv x^2 \pmod{n}$ となる $x \in \mathbb{Z}$ が存在するとき, それを**平方剰余** (Quadratic Residue) **QR** といい, 非平方数のときそれを**平方非剰余** (Quadratic Non-Residue) **QNR** という. 既約剰余類群の構造を述べた定理 2.2.4 ModPPw より奇素数冪が法の既約剰余類群は偶数位数巡回群なので QR と QNR とは半分ずつあり, 後の算法 2.3.1 より奇素数が法の QR は, その奇素数冪が法の QR でもある. そこで $a \in \mathbb{Z}$ が法 $p \in \mathbb{P}_{>2}$ の QR か QNR か示す (Legendre) **平方剰余記号** (Quadratic Residue Symbol) **QRS** を定める:

$$\left(\frac{a}{p}\right) := \begin{cases} 0 & (p \mid a), \\ 1 & (a\ が法\ p\ の\ \mathrm{QR}), \\ -1 & (a\ が法\ p\ の\ \mathrm{QNR}). \end{cases}$$

すると, 位数 2 の指標 (群準同型) $(\mathbb{Z}/p)^\times \to \langle -1 \rangle$ も与える, 乗法的写像

$$\left(\frac{\cdot}{p}\right) : \mathbb{Z}/p \longrightarrow \{0, \pm 1\}$$

が定まる. この事実を計算規則としてまとめる:

命題 2.3.1. 任意の $p \in \mathbb{P}_{>2}$, $a, b \in \mathbb{Z}$ に対して

$$\left(\frac{a}{p}\right) = \left(\frac{a \bmod p}{p}\right), \quad \left(\frac{ab}{p}\right) = \left(\frac{a}{p}\right)\left(\frac{b}{p}\right), \quad \left(\frac{a}{p}\right) \equiv a^{(p-1)/2} \pmod{p}.$$

例 2.3.1. 今 $p = 2003$, $a = 20061214$ なら $a \equiv -834 \pmod{p}$ だから:

$$\left(\frac{a}{p}\right) = \left(\frac{-834}{p}\right) \equiv (-834)^{(p-1)/2} \equiv -1 \pmod{p}.$$

別法は PF $a = 2 \times 29^2 \times 11927$ を利用して, 次の様にする:

2.3 平方剰余規準 QRC および平方剰余相互法則 QRL, XQRL

$$\left(\frac{a}{p}\right) \equiv (2 \times 11927)^{(p-1)/2} \equiv (2 \times (-91))^{(p-1)/2}$$
$$= 2^{(p-1)/2} \times (-91)^{(p-1)/2} \equiv -1 \times 1 = -1 \pmod{p}.$$

この別法では, 場合により計算困難である PF が必要とされている.

命題 2.3.1 で最後にある合同式のことを (Euler) **平方剰余規準 (Quadratic Residuosity Criterion) QRC** と呼び, これで QR か QNR か判定する計算量は, 合同式計算量評価の定理 2.2.1 から

$$O\left(\lg^3 p\right)$$

BC である.

しかし QRC より効率的な QRS 計算法がある. 相異る奇素数を法とする QRS の関係を表す有名な**平方剰余相互法則 (Quadratic Reciprocity Law) QRL** の利用である. 定理 2.2.3 CPMRT を利用した簡単な群論的証明 [Rou91] と共に, これを紹介する.

定理 2.3.1 (QRL). もし $p, q \in \mathbb{P}, p > q > 2$ ならば

$$\left(\frac{p}{q}\right)\left(\frac{q}{p}\right) = (-1)^{(p-1)(q-1)/4}.$$

証明. 定理 2.2.3 CPMRT による次の同型な群の両辺で二通りに考える:

$$(\mathbb{Z}/pq)^\times / U = \left((\mathbb{Z}/p)^\times \times (\mathbb{Z}/q)^\times\right)/U,$$

ただし $U := \{\pm 1 \bmod pq\} = \{\pm(1 \bmod p, 1 \bmod q)\}$. 右辺で全要素の積は

$$g = \prod_{i=1}^{p-1} \prod_{j=1}^{Q} (i,j) U = \left(((p-1)!)^Q, (Q!)^{2P}\right) U$$
$$= \left(((p-1)!)^Q, \left((-1)^Q (q-1)!\right)^P\right) U,$$

ただし $P := (p-1)/2, Q := (q-1)/2$. 他方, 左辺で全要素の積は法 p で

$$g = \prod_{\substack{k=1 \\ \gcd(k,pq)=1}}^{(pq-1)/2} kU = \left(\prod_{j=0}^{Q-1} \prod_{i=1}^{p-1} (i+jp)\right) \left(\prod_{i=1}^{P} (i+Qp)\right) \left(\prod_{i=1}^{P} iq\right)^{-1} U.$$

同様に法 q でも考えて, 命題 2.3.1 の QRC と併せると,

$$\begin{aligned}g &= \left(((p-1)!)^Q\, q^{-P},\, ((q-1)!)^P\, p^{-Q}\right)U \\ &= \left(((p-1)!)^Q\left(\frac{q}{p}\right),\, ((q-1)!)^P\left(\frac{p}{q}\right)\right)U.\end{aligned}$$

ここで, 最初にみた右辺での g の表現と比較すると

$$\left(\left(\frac{p}{q}\right),\left(\frac{q}{p}\right)\right)U = \left(1, (-1)^{PQ}\right)U$$

となる. これから QRL は成立する. Q.E.D.

例 2.3.2. 例 2.3.1 と同じ計算は, 先ず $a \equiv 1169 = 7 \times 167 \pmod{p}$ から

$$\left(\frac{a}{p}\right) = \left(\frac{1169}{p}\right) = \left(\frac{7}{p}\right)\left(\frac{167}{p}\right)$$

が命題 2.3.1 で求まる. 定理 2.3.1 QRL と $p = 2003 \equiv 1 \pmod{7}$ より

$$\left(\frac{7}{p}\right) = \left(\frac{7}{2003}\right) = -\left(\frac{2003}{7}\right) = -\left(\frac{1}{7}\right) = -1$$

となる. 同様に次も判るから, 同じ結果を得る:

$$\left(\frac{167}{p}\right) = \left(\frac{167}{2003}\right) = -\left(\frac{2003}{167}\right) = -\left(\frac{-1}{167}\right) = -(-1) = 1.$$

これで QRC 適用は最終段階の小さい法で済む.

偶数や負の剰余も許せば効率的なので後に示す次の規則を引用する:

命題 2.3.2 (平方剰余補充法則). 任意の $p \in \mathbb{P}_{>2}$ に対して:
(i) $\quad\left(\dfrac{-1}{p}\right) = (-1)^{(p-1)/2}.$
(ii) $\quad\left(\dfrac{2}{p}\right) = (-1)^{(p^2-1)/8}.$

注意 2.3.1. 命題 2.3.2 の計算の手間について触れておく. 両式とも冪の形で書かれているが実際は素数の 4 や 8 を法とした場合分けで値が求まり計算量は無視できる. これは定理 2.3.1 QRL でも同じである.

例 2.3.3. 根拠の説明は省いて例 2.3.1 と同じ三度目の別法計算をする:

$$\left(\frac{a}{p}\right) = \left(\frac{-834}{2003}\right) = \left(\frac{-1}{2003}\right)\left(\frac{2}{2003}\right)\left(\frac{417}{2003}\right)$$
$$= -1 \times (-1) \times \left(\frac{2003}{417}\right) = \left(\frac{-82}{417}\right)$$
$$= \left(\frac{-1}{417}\right)\left(\frac{2}{417}\right)\left(\frac{41}{417}\right) = 1 \times 1 \times \left(\frac{417}{41}\right)$$
$$= \left(\frac{7}{41}\right) = \left(\frac{41}{7}\right) = \left(\frac{-1}{7}\right) = -1.$$

かなり楽になったが, まだ素数かどうかの判定 $417, 41, 7 \in \mathbb{P}$ がいる.

2.3.2 奇合成数を法とする場合

幸い QRS 計算では, 更に PF 計算が完全に不要となるような記号の拡張ができる. それは $a \in \mathbb{Z}$ に対して, 奇数 $n \in \mathbb{N}$ が法の指標 (Jacobi) **拡張平方剰余記号 (eXtended Quadratic Residue Symbol) XQRS** を, その PF に従う QRS の積として定めたものである:

$$\left(\frac{a}{n}\right) := \prod_{p \in \mathbb{P}} \left(\frac{a}{p}\right)^{e(p)}.$$

ただし記号は定理 1.2.2 の通り $p^{e(p)} \| n$ $(p \in \mathbb{P})$ である.

注意 2.3.2. もし a が法 n で QR なら, その素因数を法とする QR でもあるから, 無論 $\left(\frac{a}{n}\right) = 1$ である. しかし, その逆は不成立である. 例えば

$$\left(\frac{2}{3}\right) = -1, \quad \left(\frac{2}{5}\right) = -1, \quad \left(\frac{2}{15}\right) = \left(\frac{2}{3}\right)\left(\frac{2}{5}\right) = (-1) \times (-1) = 1$$

で 2 は法 3 でも法 5 でも QNR, したがって法 15 でも QNR である. もし $n = pq$, $p, q \in \mathbb{P}$, $2 < p < q$ で a が法 p, q で QNR でも同じである.

命題 2.3.3. 奇数 $m, n \in \mathbb{N}$ と $a, b \in \mathbb{Z}$ に対して, 以下が成立する:

$$\left(\frac{a}{n}\right) = 0 \iff \gcd(a, n) > 1.$$

$$\left(\frac{a}{n}\right) = \left(\frac{a \bmod n}{n}\right).$$

$$\left(\frac{ab}{n}\right) = \left(\frac{a}{n}\right)\left(\frac{b}{n}\right).$$

$$\left(\frac{a}{mn}\right) = \left(\frac{a}{m}\right)\left(\frac{a}{n}\right).$$

問題 2.3.1. 定義と命題 2.3.1 から命題 2.3.3 を示せ.

この XQRS に関して重要なのは QRL を一般化した**拡張平方剰余相互法則** (eXtended Quadratic Reciprocity Law) **XQRL** である:

定理 2.3.2 (XQRL). 任意の奇数 $m, n \in \mathbb{N}$, $\gcd(m, n) = 1$ に対して:

(i) $\left(\dfrac{-1}{m}\right) = (-1)^{(m-1)/2}$.

(ii) $\left(\dfrac{2}{m}\right) = (-1)^{(m^2-1)/8}$.

(iii) $\left(\dfrac{m}{n}\right)\left(\dfrac{n}{m}\right) = (-1)^{(m-1)(n-1)/4}$.

命題 2.3.2 と定理 2.3.2 の証明. 命題 2.3.1 は断らず使う. 主張を示す順序に注意がいる. 最初に, 命題 2.3.1 の QRC から命題 2.3.2 (i) が従う. 故に, 奇数 $a, b \in \mathbb{N}$ に対し $ab - 1 \equiv a - 1 + b - 1 \pmod 4$ より定理 2.3.2 (i) が判る. 次に, 奇数 $a, b, c \in \mathbb{N}$ に対し $(ab-1)(c-1) \equiv (a-1+b-1)(c-1) \pmod 8$ より, 定理 2.3.1 QRL に基き, 定理 2.3.2 (iii) が判る. 更に, 命題 2.3.2 (ii) で $p = 4x + y$, $x \in \mathbb{N}$, $y \in \{\pm 1\}$, $z := 2x + y$ とする. 先ず

$$\left(\frac{y}{p}\right) = (-1)^{(1-y)/2}, \qquad \left(\frac{2y}{p}\right) = \left(\frac{2y + 2p}{p}\right) = \left(\frac{4z}{p}\right) = \left(\frac{z}{p}\right).$$

ここで, 既にみた定理 2.3.2 (iii) を使い $y = (-1)^{(p-1)/2}$ に注意すれば,

$$\left(\frac{z}{p}\right) = (-1)^{(p-1)(z-1)/4}\left(\frac{p}{z}\right) = \left(\frac{yp}{z}\right) = \left(\frac{2yz - 1}{z}\right) = \left(\frac{-1}{z}\right).$$

したがって, 既にみた定理 2.3.2 (i) を使えば,

$$\left(\frac{2}{p}\right) = \left(\frac{y}{p}\right)\left(\frac{-1}{z}\right) = (-1)^x = (-1)^{((p+y)/2)((p-y)/4)} = (-1)^{(p^2-1)/8}$$

2.3 平方剰余規準 QRC および平方剰余相互法則 QRL, XQRL

と命題 2.3.2 (ii) が示される. 最後に, 奇数 $a, b \in \mathbb{N}$ に対し $(ab)^2 - 1 \equiv a^2 - 1 + b^2 - 1 \pmod{16}$ より定理 2.3.2 (ii) が判る.　Q.E.D.

例 2.3.4. 定理 2.3.2 XQRL と命題 2.3.3 で, 例 2.3.1 と同じ最後の別法計算をする. 計算過程は例 2.3.3 と同じだが, 判定 $417, 41, 7 \in \mathbb{P}$ が不要な点が違う. 別の例 $p = 200212211123$, $a = 200212212119$ で見る.

$$\begin{aligned}
\left(\frac{a}{p}\right) &= \left(\frac{996}{p}\right) = \left(\frac{2}{p}\right)^2 \left(\frac{249}{p}\right) = 1 \times \left(\frac{p}{249}\right) \\
&= \left(\frac{-22}{249}\right) = \left(\frac{-1}{249}\right)\left(\frac{2}{249}\right)\left(\frac{11}{249}\right) = 1 \times 1 \times \left(\frac{249}{11}\right) \\
&= \left(\frac{-4}{11}\right) = \left(\frac{-1}{11}\right)\left(\frac{2}{11}\right)^2 = -1 \times 1 = -1.
\end{aligned}$$

故に注意 2.3.2 から a は法 p で QNR である. ここでは判定 $p, a, 249, 11 \in \mathbb{P}$ が不要となる. なお $p, a \in \mathbb{P}$ であることを後に例 5.3.1 で確認する.

任意の $p \in \mathbb{P}_{>2}$ 法とする QRS の計算量は, もし QRC だけで QRS を求めれば先に見た様に $O\left(\lg^3 p\right)$ BC だが, 例 2.3.4 の方法は

$$O\left(\lg^2 p\right) \tag{2.17}$$

BC であることが, 本質的には互除法 SD なので, 定理 2.1.2 より判る.

注意 2.3.3. 以前と同様に QRS, XQRS は計算量が, 注意 1.3.2 の記号で $O\left(\lg p \left(\lg \lg p\right)^2 \lg \lg \lg p\right) = \tilde{O}(\lg p)$ となることも注意 2.1.2 から導かれる.

この QRS や XQRS は, 任意の整数に対する (Kronecker) 記号として更に拡張され, それは二次体の数論に於て理論的にも重要な意味を持ち, 類似の相互法則やアルゴリズムが存在する. それらに関しては, アルゴリズムの計算量も含めて [Coh93, §1.4.2] に詳しく述べてあるので, ここでは省略し, 上の例の様な計算も算法としては定式化しない.

2.3.3 奇素数冪を法とする平方根

ここでは, 奇素数冪が法の QR に対して, その平方根を実際に求める問題を考える. 奇素数が法の QNR はもちろんその冪が法の QNR だが, これの逆も成立し, 特に奇素数が法の平方根から冪を上げることは容易である:

算法 2.3.1 (SQRTPPw). 算法 2.3.2 と併せ, 法が奇素数冪の根を得る.

入力 奇素数 $p \in \mathbb{P}_{>2}$, 冪指数 $e \in \mathbb{N}$ と $a, x \in (\mathbb{Z}/p)^\times$, $x^2 \equiv a \pmod{p}$.

出力 平方根 $x \in \mathbb{Z}/p^e$, $x^2 \equiv a \pmod{p^e}$.

手順 (i) 初期化 $n \leftarrow p$ および $z \leftarrow (2x)^{-1} \bmod p$.

(ii) 以下を $e-1$ 回反復:
$$y \leftarrow ((a-x^2)/n)\,z \bmod p, \quad x \leftarrow x + yn \bmod np, \quad n \leftarrow np.$$

(iii) 法 $n = p^e$ の平方根 x, 即ち $x^2 \equiv a \pmod{n}$, を出力して終了.

問題 2.3.2. 算法 2.3.1 が正しいことと計算量が $O(e^3 \lg^2 p)$ であることを示せ.

例 2.3.5. 今 $3^2 \bmod 7 = 2$ だから, 算法 2.3.1 で入力 $(p, e, a, x) \leftarrow (7, 3, 2, 3)$ とする. このとき

$$n \leftarrow 7, \qquad\qquad z \leftarrow 6,$$
$$y \leftarrow 6 \times (2-3^2)/7 \bmod 7 = 1, \quad x \leftarrow 3 + 1 \times 7 = 10, \quad n \leftarrow 7^2,$$
$$y \leftarrow 6 \times (2-10^2)/7^2 \bmod 7 = 2, \quad x \leftarrow 10 + 2 \times 7^2 = 108, \quad n \leftarrow 7^3,$$

となり無事に $108^2 = 11664 \equiv 2 \pmod{7^3}$ が得られる.

算法 2.3.2 (SQRTP). 手順中の QNR は非昇順でランダムに探して良い.

入力 奇素数 $p \in \mathbb{P}_{>2}$ と法 p の QR $a \in (\mathbb{Z}/p)^\times$.

出力 平方根 $x \in \mathbb{Z}/p$, $x^2 \equiv a \pmod{p}$.

手順 (i) 法 p の QNR b を, 昇順に $b \leftarrow 2, 3, \ldots$ として探す.

(ii) 初期化 $p - 1 = 2^e m$, $e, m \in \mathbb{N}$, $2 \nmid m$ として $x \leftarrow a^{(m-1)/2} \bmod p$, $y \leftarrow ax^2 \bmod p$, $x \leftarrow ax \bmod p$, $z \leftarrow b^m \bmod p$.

(iii) もし $y = 1$ なら x を出力して終了, さもなくば
$$j \leftarrow \min\left\{i \in \mathbb{Z}_{>0} \;\middle|\; y^{2^i} \equiv 1 \pmod{p}\right\}$$

2.3 平方剰余規準 QRC および平方剰余相互法則 QRL, XQRL 55

を求めて $z \leftarrow z^{2^{e-j-1}} \bmod p$, $x \leftarrow xz \bmod p$, $z \leftarrow z^2 \bmod p$, $y \leftarrow yz \bmod p$, $e \leftarrow j$ として反復.

算法 2.3.2 SQRTP の正しさの保証は, 有限可換群の知識があれば, さほど困難でないので [Coh93, §1.5], [Kob94, §II.2] に譲り省略する. その入力は [Coh93, Algorithm 1.5.1] の様に, 単に $p \nmid a$ で良く, その a が QNR かどうかも, 途中で $j = e$ となるかどうかで判定する様に修正できるが, 計算量は (2.17) に劣ることを後に (2.18) で見る.

例 2.3.6. 今 $p = 17, a = 2$ なら, 命題 2.3.2 (ii) から a は法 p の QR なので, その平方根を算法 2.3.2 で求めてみよう. 先ず $b = 3$ は例 2.2.7 にみた様に法 p の PR だからもちろん QNR だが, これは QRL 計算で直接判る. また $e = 4, m = 1$ だから

$$x \leftarrow 2^0 = 1, \ y \leftarrow 2 \times 1^2 = 2, \ x \leftarrow 2 \times 1 = 2, \ z \leftarrow 3^1 = 3$$

となる. 次に $y \neq 1$ だから $y = 2, \ y^{2^1} = 2^2 = 4, \ y^{2^2} = 4^2 = 16, \ y^{2^3} = 16^2 = 256 \equiv 1 \pmod{p}$ より $j \leftarrow 3$ を求めて,

$$z \leftarrow 3^1 = 3, \ x \leftarrow 2 \times 3 = 6, \ z \leftarrow 3^2 = 9, \ y \leftarrow 2 \times 9 \bmod p = 1, \ e \leftarrow 3$$

と更新する. ここで $y = 1$ だから $x = 6$ を出力する. 実際 $6^2 \equiv 2 \pmod{17}$. 今度は $p = 2003, a = 834, b = -a$ とする. 例 2.3.1 等と命題 2.3.2 (i) から a, b は, 法 $p \in \mathbb{P}$ の QR, QNR で, これに算法 2.3.2 を適用すると, 手順 (i) は不要になり, $e = 1, m = 1001$ だから $\bmod p$ で

$$x \leftarrow 834^{500} = 340, \ y \leftarrow 834 \times 340^2 = 1, \ x \leftarrow 834 \times 340 = 1137$$

と, すぐ $y = 1$ になり $x = 1137$ を出力する. 実際 $1137^2 \equiv 834 \pmod{2003}$. そして $1137 \equiv a^{(m+1)/2} = a^{(p+1)/4} \pmod{p}$ で, これは下の問題 2.3.3 の様に定式化できる.

以下は [Coh93, §1.5], [CP01, §2.3] に詳しい. 法 p の平方根計算は $p \equiv 1 \pmod{8}$ のときが難しい. 算法 2.3.2 は (i) が計算量最大で, 広く成立が確信されている QRS に関する**数体 L 関数零点仮説 (Extended Zeropoint Hypoth-**

esis) **EZH** [CP01, Conjecture 1.4.2] — 通常**拡張リーマン仮説** (Extended Riemann Hypothesis) **ERH** — の下で

$$O\left(\lg^4 p\right) \tag{2.18}$$

が保証され, 仮定なしでも大多数の p で $O\left(\lg^3 p\right)$ 程度になる.

注意 2.3.4. これらは注意 2.3.3 によれば $\tilde{O}\left(\lg^3 p\right), \tilde{O}\left(\lg^2 p\right)$ となる.

問題 2.3.3. もし $p \equiv 3 \pmod{4}$ なら, 法 p の QR $a \in \mathbb{Z}$ の平方根は $a^{(p+1)/4} \bmod p$ であることを示し, 算法 2.3.2 の挙動を考察せよ.

第3章

格子，多項式，有限体

　本章では，初等数論アルゴリズムを高次元に拡張し，格子の線型代数，多項式の演算，有限体の特性について，最低限の基礎知識を例や証明抜きにまとめておく．アルゴリズム以外の事項に関しては，必要に応じて適当な代数学の参考書 [Hat68, Ish78, Kat05] あるいは [Fuj75, 第 1 章] 等で詳しい内容を補ってほしい．

3.1 格子の行列標準形 TNF, DNF と SRF

　整数環 $\mathbb{Z}$ や有理数体，実数体，複素数体 $\mathbb{Q}, \mathbb{R}, \mathbb{C}$ 等，一つの特定の単位可換環 R の要素を成分とする行数，列数 $m, n \in \mathbb{N}$ の **$m \times n$ 行列**

$$A = (a_{i,j}) = (a_{i,j})_{\substack{i=1,\ldots,m \\ j=1,\ldots,n}} = \begin{pmatrix} a_{1,1} & \ldots & a_{1,n} \\ \ldots & \ldots & \ldots \\ a_{m,1} & \ldots & a_{m,n} \end{pmatrix} \quad (a_{i,j} \in R) \tag{3.1}$$

全体を $R^{m \times n}$ と書く．これは $0 = 0_{m,n}$ で表す成分が全て 0 の**零行列**を零元とする加群で，更に R のスカラ倍で閉じている **R 加群**でもある．但し $R = \mathbb{Z}$ なら単なる加群と R 加群は同等でスカラ倍に特別の意味はない．それぞれ $n = 1$ 又は $m = 1$ なら，列（縦）又は行（横）ベクトルで，特に**行ベクトル全体**を $R^n := R^{1 \times n}$，**零ベクトル**を $0 = 0_n := 0_{1,n}$ と書く．また $m = n$ なら，**正方行列全体** $R^{n \times n}$ は $1 = 1_n$ で表す対角成分が全て 1 で他が 0 の**単位行列**を乗法の単位元とする，加減乗は自由に可能だが乗法は一般には非可換ないわゆる**単位環**になる．その可逆元全体のなす単数群は

$$\mathrm{GL}_n(R) := (R^{n\times n})^\times = \{A \in R^{n\times n} \mid \det A \in R^\times\}$$

である. 普段は成分を $\mathbb{R}$ や $\mathbb{C}$ で扱う行列も, それを整数に限ると特殊な問題が様々ある. 以下, 特記しなければ原則的に $R = \mathbb{Z}$ と我々が興味を持つ場合に限る. いくつかの事実は一般に体に含まれる R でも正しいが, 定理 1.2.1 の様な除法定理 DT の成立する場合でないと駄目なものもあるので, みな $R = \mathbb{Z}$ として理解しておいた方が無難である. 本節の詳細については [Coh93, §§2.4–7] を参照してもらいたい.

3.1.1 行列の定める加群

行列 $A \in R^{m\times n}$ が与えられたとき, それを単に縦横の数並びと見るのではなく, 行ベクトルに右から掛けて R 加群の R 線型写像 $\mathcal{A}: R^m \ni X \longmapsto XA \in R^n$ とみなせる. これを発展させて A により, その線型写像の**像** $\mathrm{Im}\, A := \mathcal{A}(R^m) \subseteq R^n$ と**核** $\mathrm{Ker}\, A := \mathcal{A}^{-1}(\{0\}) \subseteq R^m$ が与えられたとみなすことができる. 即ち, 二つの R 加群が定められる:

$$\mathrm{Im}\, A := \{XA \mid X \in R^m\}, \qquad \mathrm{Ker}\, A := \{X \in R^m \mid XA = 0\}.$$

このとき $\mathrm{Ker}\, A$ は連立方程式 $XA = 0$ の解全体となる R^m の部分 R 加群で $\mathrm{Im}\, A$ は A の行ベクトルが生成する R^n の部分 R 加群である. これらの**自由 R 加群としての階数** rk_R と, 行列の階数 rk は次の関係を持つ:

$$k := \mathrm{rk}_R(\mathrm{Ker}\, A) = m - \mathrm{rk}\, A, \qquad \ell := \mathrm{rk}_R(\mathrm{Im}\, A) = \mathrm{rk}\, A. \tag{3.2}$$

一般に $i, j \in \mathbb{N}$ に対して $Z_1, \ldots, Z_i \in R^j$ の**生成する部分 R 加群**を

$$[Z_1, \ldots, Z_i]_R := RZ_1 + \cdots + RZ_i := \{r_1 Z_1 + \cdots + r_i Z_i \mid r_1, \ldots, r_i \in R\}$$

と書く. 今 $R = \mathbb{Z}$ なので, 本書冒頭に導入した記号により $[Z_1, \ldots, Z_i]_R = [Z_1, \ldots, Z_i]$ である. このとき (3.2) より k, ℓ 個の **R 上線型独立**な**生成系**, つまり **R 基底** $X_1, \ldots, X_k \in R^m$, $Y_1, \ldots, Y_\ell \in R^n$ が存在して,

$$\mathrm{Ker}\, A = [X_1, \ldots, X_k]_R, \qquad \mathrm{Im}\, A = [Y_1, \ldots, Y_\ell]_R \tag{3.3}$$

となる．これら基底を与えられた A から求めることが重要である．また**余核** $R^n/\operatorname{Im}A(=\mathbb{Z}^n/\operatorname{Im}A)$ は，位数有限加群と $R^{n-\ell}$ の直和である．その位数有限加群の構造を表す基底を与えられた A から求めることも重要である．更に $R=\mathbb{Z}\subseteq\mathbb{R}$ より，加群 R^n はベクトル空間 $\mathbb{R}^n$ の座標が整数となる離散的点，即ち**格子点**，全体のなす離散的部分加群，即ち**格子**，となる．故に，その部分加群 $\operatorname{Im}A$ も格子である．その計算に好都合な基底を与えられた A から求めることは <u>格子の根本問題</u> である．そこで，これら整数係数の線型代数に於る最重要問題に対して，数論アルゴリズムの観点から三種類の基底，つまり**行列標準形**を，それらを求めるアルゴリズムと共に紹介する．複雑にならないために，できるだけ本質的な部分のみ扱い，細部に深入りしない．

3.1.2　三角正規形

最初の標準形は，以下の条件を (3.1) に於て充す A である：

(i) 階数は列数に等しく必然的に列数は行数以下，即ち $\operatorname{rk}A=n\leq m$．

(ii) 下半三角非負行列，即ち $a_{i,j}\geq 0$ で特に $a_{i,j}=0\ (i<m-n+j)$．

(iii) 下対角成分は正，即ち $a_{m-n+j,j}>0$．

(iv) 各列下対角成分より他成分は小，即ち $a_{i,j}<a_{m-n+j,j}\ (i>m-n+j)$．

この様な整数行列標準形を (Hermite) **三角正規形** (**Triangular Normal Form**) **TNF** という．

注意 3.1.1. 上で (i) の制限を外した場合の定義もあるが，これで実用上は十分なので複雑になるのを避けるために，そう仮定しておく．とりわけ応用上 TNF は，対象となる格子の生成系が十分沢山与えられているときに，その行列に対して適用して求めることが多いので問題ない．

一般に，行列 M の第 i 行を M_i，また $a\in\mathbb{R}$ の符号を $\operatorname{sgn}a$ と書くと：

算法 3.1.1 (TNF). 記号は (3.1) の通りとする．

入力　階数 $\operatorname{rk}A=n\leq m$ の行列 $A\in R^{m\times n}$．

出力　或 $U\in\operatorname{GL}_m(R)$ で変換された TNF $T:=UA$．

手順　(i) 各 $j\leftarrow n,\ldots,1$ に対して以下を実行：

(a) 先ず $|a_{k,j}| = \min\{|a_{i,j}| > 0 \mid i \in \mathbb{N}_{\leq m-n+j}\}$ となる様に行 $k \in \mathbb{N}_{\leq m-n+j}$ を選び $(A_j, A_k) \leftarrow ((\operatorname{sgn} a_{k,j}) A_k, A_j)$.
(b) 行変形 $A_i \leftarrow A_i - \lfloor a_{i,j}/a_{j,j} \rfloor A_j$ $(i \in \mathbb{N}_{<m-n+j})$.
(c) もし $a_{i,j} = 0$ $(i \in \mathbb{N}_{<m-n+j})$ でなければ (a) から反復.
(d) 行変形 $A_i \leftarrow A_i - \lfloor a_{i,j}/a_{j,j} \rfloor A_j$ $(i \in \mathbb{Z}_{>m-n+j, \leq m})$.

(ii) TNF $T \leftarrow A$ を出力して終了.

算法 3.1.1 の T は A に対して一意的で, これを A の TNF と呼ぶ. しかし, もし $n < m$ なら U の取り方は沢山ある. なお出力として U を追加するアルゴリズムの変更は容易である. これらを用いると, 具体的に

$$\operatorname{Ker} A = [U_1, \ldots, U_{m-n}]_R, \qquad \operatorname{Im} A = [T_{m-n+1}, \ldots, T_m]_R \qquad (3.4)$$

と (3.3) を表すことができる.

行列アルゴリズムは計算量を m, n に依存する R の加減乗除算回数で評価する. これに一回の加減乗除算計算量 — 今は $R = \mathbb{Z}$ だから手順中に現れる数が絶対値 N 以下なら, 定理 1.3.2 からは $O(\lg^2 N)$ BC で, また注意 1.3.2 からは $\tilde{O}(\lg N)$ BC である — を掛けて実際の評価を得る. 算法 3.1.1 TNF では, 各 $j = n, \ldots, 1$ に対して (a) の反復回数が定理 2.1.1 (の証明) から判る様に $O(\lg N)$ だから, 総加減乗除算回数は

$$O\left(mn^2 \lg N\right) \qquad (3.5)$$

である. 今 $\lceil x \rceil$ ビット以下の二自然数に対する拡張互除法 XSD や, 全ての $p \in \mathbb{P}_{\leq x}$ を法とする剰余定理 CPMRT を実行する計算量を $G(x)$ とすると, 注意 1.3.2 の記号で $G(x) = O\left(x \lg^2 x \lg \lg x\right) = \tilde{O}(x)$ である. 問題は A の成分の最大絶対値 $\|A\|$ が小さくても, 途中で N が爆発的に巨大になることだが, この場合の基本文献は [HM91] であり, そこにある方法により, 算法 TNF の計算量が

$$O\left(mn^2 G(n \lg(n\|A\|))\right) \qquad (3.6)$$

とできる. 他の効率化や応用は [Coh93, §§2.4.2 – 3] に譲る.

3.1.3 対角正規形

二つ目の標準形は, 以下の条件を (3.1) に於て充す A である:
(i) 行列式が非零の正方行列, 即ち $\operatorname{rk} A = m = n$.
(ii) 対角行列, 即ち $a_{i,j} = 0 \ (i \neq j)$.
(iii) 対角成分は正, 即ち $a_j := a_{j,j} > 0$.
(iv) 対角成分の可除性, 即ち $a_n \mid \cdots \mid a_1$.

この様な整数行列標準形を**単因子形**もしくは (Smith) **対角正規形 (Diagonal Normal Form) DNF** といい $\operatorname{diag}(a_1, \ldots, a_n)$ で表す.

注意 3.1.2. 上で (i) の制限を外した場合の定義もあるが, これで実用上は十分なので複雑になるのを避けるために, そう仮定しておく. 応用上 DNF は, 有限可換群を同じ階数の二つの格子の剰余群として表現するときに, その基底変換行列に対して求めることが多いので特に問題ない. その場合は基底変換行列の行列式 (の絶対値) は目的とする群の位数であり, その適当な倍数も既知なのが普通である.

行列 A と転置行列 ${}^{\mathrm{T}}A$ を TNF 変換して, 可除性 (iv) を充す様に更に少し変形すれば DNF にできるが, 先に §3.1.2 で最後に書いた計算途中の成分爆発問題がある. そこで, 注意 3.1.2 の様に行列式 $\det A$ の倍数が判るときに通用する, この場合にも基本文献である [HM91] にある効率的方法を述べる. 一般に, 行列 M の第 j 列を $M_j' := {}^{\mathrm{T}}\!\left(\left({}^{\mathrm{T}}M\right)_j\right)$ と書くと:

算法 3.1.2 (DNF). 記号は (3.1) の通りとして d を法とする計算は絶対値最小剰余 (1.3) で, また $(a,b) \in R^2 \setminus \{(0,0)\}$ に対する XSD による $ra + sb = \gcd(a,b)$ となる $(r,s) \in R^2$ の計算は絶対値最小です.

入力 階数 $\operatorname{rk} A = n$ の正方行列 $A \in R^{n \times n}$ と $\det A \mid D$ である $D \in \mathbb{N}$.

出力 或 $U, V \in \operatorname{GL}_n(R)$ で変換された DNF $\operatorname{diag}(d_1, \ldots, d_n) := UAV$.

手順 各 $k \leftarrow n, \ldots, 1$ に対して以下を実行:
(i) もし $k = n$ なら $d \leftarrow D$, さもなくば $d \leftarrow d/d_{k+1}$.
(ii) 全ての $i \in \mathbb{N}_{<k}$ で以下の行変形を実行:
  もし $a_{i,k} \neq 0$ なら, XSD で

$$ra_{k,k} + sa_{i,k} = t := \gcd(a_{k,k}, a_{i,k})$$

となる $r, s, t \in R$ を求め,

$$\begin{pmatrix} A_i \\ A_k \end{pmatrix} \leftarrow \begin{pmatrix} \dfrac{a_{k,k}}{t} & -\dfrac{a_{i,k}}{t} \\ s & r \end{pmatrix} \begin{pmatrix} A_i \\ A_k \end{pmatrix} \bmod d.$$

(iii) 全ての $j \in \mathbb{N}_{<k}$ で以下の列変形を実行:

もし $a_{k,j} \neq 0$ なら, XSD で

$$ra_{k,k} + sa_{k,j} = t := \gcd(a_{k,k}, a_{k,j})$$

となる $r, s, t \in R$ を求め,

$$(A_j', A_k') \leftarrow (A_j', A_k') \begin{pmatrix} \dfrac{a_{k,k}}{t} & s \\ -\dfrac{a_{k,j}}{t} & r \end{pmatrix} \bmod d.$$

(iv) もし $a_{i,k} = a_{k,i} = 0$ $(i \in \mathbb{N}_{<k})$ でなければ (ii) から反復.

(v) もし或 $i, j \in \mathbb{N}_{<k}$ で $a_{k,k} \nmid a_{i,j}$ ならば

$A_k' \leftarrow A_k' + A_j'$ として (ii) から反復.

(vi) 単因子 $d_k \leftarrow \gcd(a_{k,k}, d)$ を出力.

算法 3.1.2 の $d_1, \ldots, d_n$ は A に対して一意的で, これを A の**単因子**とか DNF と呼ぶ. 注意 3.1.2 の A を基底変換行列とする剰余群 (余核) は

$$R^n / \operatorname{Im} A \cong (R/d_1) \oplus \cdots \oplus (R/d_n) \tag{3.7}$$

と, 位数有限加群としての構造を表現できる.

算法 3.1.2 DNF の計算量は (3.6) と同じ記号で

$$O\left(n^2 G(\lg \|A\|) + n^3 G(\lg D) \lg D\right) \tag{3.8}$$

である. 基本文献 [HM91] では, 事前に D が未知でも計算量が

$$O\left(n^4 G(n \lg(n\|A\|)) \lg(n\|A\|)\right) \tag{3.9}$$

とできること, 確率的アルゴリズム, 更に一般の環 R の場合も扱われている.

注意 3.1.3. 算法 3.1.2 DNF で剰余や $(r, s) \in R^2$ を絶対値最小に取るのは, 計算が無限ループに陥らず有限回のステップで終了すること, 即ち**停止**

性を保証するためであり，これは計算効率も向上させる．絶対値最小剰余での計算はすぐできる．また命題 2.1.1 により，例えば $b \neq 0$ なら $r \operatorname{sgn} a$ を法 $|b|/\gcd(a,b)$ の絶対値最小剰余に取れば良い．(もし $b=0$ なら $(r, s, \gcd(a,b)) = (\operatorname{sgn} a, 0, |a|)$ である.) 現実には，算法 2.1.2 XSD の入力 $(|a|, |b|)$ に対する出力を $(r \operatorname{sgn} a, s \operatorname{sgn} b, \gcd(a,b))$ としただけで，基本的な条件は充されるが絶対値最小にすれば更に効率的である．

3.1.4 準簡約形

もう一つの標準形を定義する前に少し準備をする．ここでは常に $R = \mathbb{Z}$ として行列は全て正方行列とする．これ迄は格子を $\mathbb{Z}^n$ の部分加群，即ち整数行列の定める加群としてきた．一般の $\mathbb{R}^n$ の格子は，その実数行列への拡張として表現される．即ち $A \in \mathrm{GL}_n(\mathbb{R})$ に対しても，それを加群の単射準同型 $A: \mathbb{Z}^n \ni X \longmapsto XA \in \mathbb{R}^n$ とみれば，その像は格子を定める:

$$\operatorname{Im} A := \{XA \mid X \in \mathbb{Z}^n\} \subseteq \mathbb{R}^n \qquad (A \in \mathrm{GL}_n(\mathbb{R})).$$

基底は行ベクトル $A_1, \ldots, A_n$ である．実用上 A の成分は近似値で与えられるので，適当に整数倍して整数行列として構わないのだが，以下の議論は実数行列のままで扱うことができる．ベクトル $X, Y \in \mathbb{R}^n$ の**内積**を $X \cdot Y := X^\mathrm{T} Y$，ベクトル X の**長さ**を $|X| := \sqrt{X \cdot X}$ とする．格子 $\operatorname{Im} A$ を扱うときに適切な基底は**短いベクトル**からなるもので，その張る基本平行体の体積 $|\det A|$ は一定だから，それらは必然的に互に**直交**に近い．例えば平面上の整数点全体 $\mathbb{Z}^2$ は通常は標準基底 $(1,0), (0,1)$ で表し，偏向した $(1,0), (1000000, 1)$ 等で表すのは非常に不便である．同じ格子を定める行列の中で行ベクトルの長さが<u>逐次最小</u>，即ち $i \in \mathbb{N}_{\leq n}$ に対して

$$|A_i| \leq |XA| \quad (X = (x_1, \ldots, x_n) \in \mathbb{Z}^n, \gcd(x_i, \ldots, x_n) = 1)$$

となるものが望ましい．この様な実正則行列標準形を (Minkowski) **簡約形** (**Reduced Form**) という．一般に UA が簡約形となる様な $U \in \mathrm{GL}_n(\mathbb{Z})$ が取れるが，もし n が小さくなければ<u>殆ど使い物になる算法はない</u>．

そこで行ベクトルの長さが <u>逐次最小に近い</u> ものを考える．先ず格子基底

$A_1, \ldots, A_n$ を**直交化**して $\mathbb{R}^n$ の直交基底 $B_1, \ldots, B_n$ を, 帰納的に

$$B_i := A_i - \sum_{j=1}^{i-1} c_{i,j} B_j \ (i \in \mathbb{N}_{\leq n}), \quad c_{i,j} := \frac{A_i \cdot B_j}{B_j \cdot B_j} \ (i,j \in \mathbb{N}_{\leq n}) \tag{3.10}$$

とすると, 直線 $B_j \mathbb{R}$ への A_i の射影は $c_{i,j} B_j$ で

$$c_{i,i} = 1, \quad c_{i,j} = 0 \quad (j > i)$$

である. 三つ目の標準形 は, 以下の条件を充す $A \in \mathrm{GL}_n(\mathbb{R})$ である:
 (i) 前方行への直交射影は長さが 最小, 即ち $|c_{i,j}| \leq 0.5 \ (j < i)$.
 (ii) 後方行への直交射影は長さが 逐次準増大, 即ち
$$|c_{i,i-1} B_{i-1} + B_i| \geq \sqrt{0.75} |B_{i-1}| \quad (i > 1).$$
この様な [LLL82] で導入された実正則行列標準形のことを (Lenstra-Lenstra-Lovász, LLL) **準簡約形** (**Semi-Reduced Form**) **SRF** という.

先ず (i) は, 直線 $B_j \mathbb{R}$ への A_i の射影を最短にするためで, これは A_i に A_j を足すと $c_{i,j}$ が 1 増すのですぐ 縮小 できる. 問題は (ii) で, これは部分空間 $[B_1, \ldots, B_{i-2}]_\mathbb{R}$ の SRF $A_1, \ldots, A_{i-2}$ に続く A_{i-1}, A_i は, 直交補空間 $[B_{i-1}, \ldots, B_n]_\mathbb{R}$ への A_i の射影 $c_{i,i-1} B_{i-1} + B_i$ を A_{i-1} の射影 B_{i-1} より 或 y 倍以上長く, 即ち $|c_{i,i-1} B_{i-1} + B_i| \geq y|B_{i-1}|$ と, 逐次増大傾向にする. 定数 $y \leq 1$ なら, これが充されなければ A_{i-1} と A_i を 交換 すれば良い. もし $y < 1$ なら, この縮小・交換の両操作を有限回反復して二条件が充されることが判る. 更に $y > 0.5$ なら, 意味ある $|A_i|$ の評価が判る. 理想は $y = 1$ としたいが, その場合に停止性は保証されていない. 条件は $0.5 < y < 1$ だが (ii) では $y = \sqrt{0.75}$ としている.

各 $A \in \mathrm{GL}_n(\mathbb{R})$ を $U \in \mathrm{GL}_n(\mathbb{Z})$ で変換して $S = UA$ を SRF にする. この $S \in \mathrm{GL}_n(\mathbb{Z})A$ は一意的ではないが, その計算は比較的高速かつ高性能で, まさに現代の互除法 と呼んでも過言ではなく, 次の**準簡約算法** (**Semi-Reduction Algorithm**) **SRA** に定式化される:

算法 3.1.3 (SRA). [LLL82] 記号は (3.10) の通りとする.
入力 実正則行列 $A \in \mathrm{GL}_n(\mathbb{R})$.

出力 或 $U \in \mathrm{GL}_n(\mathbb{Z})$ で変換された SRF $S := UA$.

手順 (i) 初期化 $(i, B_1, b_1, m) \leftarrow (2, A_1, A_1 \cdot A_1, 1)$.

(ii) もし $i > m$ ならば直交化:

(a) 全ての $j \in \mathbb{N}_{<i}$ で射影計算 $c_{i,j} \leftarrow b_j^{-1} A_i \cdot B_j$.

(b) 次の直交基底計算 $B_i \leftarrow A_i - c_{i,1}B_1 - \cdots - c_{i,i-1}B_{i-1}$.

(c) 更新 $(b_i, m) \leftarrow (B_i \cdot B_i, i)$.

(iii) 先ず $j \leftarrow i-1$ に対して,

もし $|c_{i,j}| > 0.5$ ならば $r \leftarrow \lfloor c_{i,j} \rceil$ として縮小:

$A_i \leftarrow A_i - rA_j$, $c_{i,k} \leftarrow c_{i,k} - rc_{j,k}$ $(k \in \mathbb{N}_{<j})$, $c_{i,j} \leftarrow c_{i,j} - r$.

(iv) 次に $(b, c) \leftarrow \left(c_{i,i-1}^2 b_{i-1} + b_i, c_{i,i-1}\right)$ として,

もし $b < 0.75 b_{i-1}$ ならば以下を順次に実行して交換:

$(A_{i-1}, A_i, c_{i,i-1}) \leftarrow (A_i, A_{i-1}, b^{-1}b_{i-1}c)$.

各 $j \in \mathbb{N}_{<i-1}$ に対して $(c_{i-1,j}, c_{i,j}) \leftarrow (c_{i,j}, c_{i-1,j})$.

各 $j \in \mathbb{N}_{>i, \leq m}$ に対して $s \leftarrow c_{j,i-1} - cc_{j,i}$ として

$(c_{j,i-1}, c_{j,i}) \leftarrow (c_{i,i-1}s + c_{j,i}, s)$.

$(B_{i-1}, B_i) \leftarrow \left(cB_{i-1} + B_i, b^{-1}b_iB_{i-1} - c_{i,i-1}B_i\right)$.

$(b_{i-1}, b_i) \leftarrow \left(b, b^{-1}b_{i-1}b_i\right)$.

更に $i \leftarrow \max(2, i-1)$ として (iii) に戻る.

(v) 最後に $j \leftarrow i-2, \ldots, 1$ に対して,

もし $|c_{i,j}| > 0.5$ ならば $r \leftarrow \lfloor c_{i,j} \rceil$ として縮小:

$A_i \leftarrow A_i - rA_j$, $c_{i,k} \leftarrow c_{i,k} - rc_{j,k}$ $(k \in \mathbb{N}_{<j})$, $c_{i,j} \leftarrow c_{i,j} - r$.

(vi) もし $i < n$ ならば $i \leftarrow i+1$ として (ii) から反復.

(vii) SRF $S \leftarrow A$ を出力して終了.

算法 3.1.3 で $S = UA$ となる出力 $U \in \mathrm{GL}_n(\mathbb{Z})$ の追加は容易である.

注意 3.1.4. 算法 3.1.3 は $B_i, (i \in \mathbb{N}_{\leq m})$ を反復過程で順次求めている. 元の [LLL82] は最初に $B_i, (i \in \mathbb{N}_{\leq n})$ を全部求めているので, 交換の際に

B_{i-1}, B_i の更新はいらないが,全ての $j \in \mathbb{N}_{>i, \leq n}$ に対して $(c_{j,i-1}, c_{j,i})$ の更新がいる. 他の SRA 算法改良は [Coh93, §2.6] 等を参照してほしい.

任意の $A \in \mathrm{GL}_n(\mathbb{R})$ に対して, 直交化 (3.10) の形と既知の評価式から

$$|B_1|\cdots|B_n| = |\det A| \leq |A_1|\cdots|A_n|$$

である. もし $A_1, \ldots, A_n$ が直交に近ければ, 積 $|A_1|\cdots|A_n|$ は格子 $\mathrm{Im}\, A$ の基本平行体の体積 $|\det A|$ に近い筈である. 重要なのは SRF は行ベクトルが比較的短く直交に近いことで, 次の具体的評価が成立する:

定理 3.1.1 (SRF). [LLL82] 準簡約形 $A \in \mathrm{GL}_n(\mathbb{R})$ は次の性質を持つ:

(i) 任意の $i, j \in \mathbb{Z}, 1 \leq i \leq j \leq n$ に対して

$$|A_i| \leq 2^{(i-1)/2}|B_j|.$$

(ii) 格子基底の長さの積の評価は

$$|A_1|\cdots|A_n| \leq 2^{n(n-1)/4}|\det A|.$$

(iii) 最初の格子基底の長さの評価は

$$|A_1| \leq 2^{(n-1)/4}|\det A|^{1/n}.$$

(iv) また更に, その評価は

$$|A_1| \leq 2^{(n-1)/2}|XA| \quad (X \in \mathbb{Z}^n \setminus \{0\}).$$

(v) より一般に, 任意の $i, j \in \mathbb{Z}, 1 \leq i \leq j \leq n$ に対して

$$|A_i| \leq 2^{(n-1)/2}\max(|X_1 A|, \ldots, |X_j A|) \quad (X \in \mathbb{Z}^{j \times n}, \mathrm{rk}\, X = j).$$

この一般的評価に比べ, 実際に算法 3.1.3 SRA が出力する S_i の長さは, もっとずっと小さい. 特に S_1 は, しばしば格子 $\mathrm{Im}\, A = \mathrm{Im}\, S$ の最短非零ベクトルを出力する. そして評価 (v) は簡約形の充すべき条件に通じる.

もう一つの算法 3.1.3 SRA の重要性は実行速度にある. 簡約形を求める有効な算法が知られていない中で, この SRA は次元と行列成分のサイズの**多項式時間**で結果を返す. 正確には $M := \max(|A_1|, \ldots, |A_n|)$ なら, 算法 SRA の

演算回数と手順中に現れる数のビット数は、それぞれ

$$O\left(n^4 \lg M\right) \quad \text{と} \quad O\left(n \lg M\right) \tag{3.11}$$

である．したがって定理 1.3.2 から，注意 1.3.2 と成分の最大絶対値 $\|A\| \geq M/\sqrt{n}$ も用いて，算法 SRA の計算量は

$$O\left(n^6 \lg^3 M\right) \quad \text{もしくは} \quad \tilde{O}\left(n^5 \lg^2 M\right) = \tilde{O}\left(n^5 \lg^2 \|A\|\right) \tag{3.12}$$

である．実際の算法 SRA にかかる時間は，これらの評価が問題とならないくらい高速で，それもこのアルゴリズムが画期的である理由でもある．

この理論的にも実践的にも高性能な計算結果と計算時間は，併せて SRF が非常に広い応用をもたらす力となっている．詳細は [Coh93, §2.7] 等を参照してほしいが，単に §3.2.3 で触れる SRF を動機付けた多項式素因数分解に留まらず，数論アルゴリズム各方面，整数計画法，多項式環グレブナ基底計算，部分和問題，それを利用した暗号系，等々多岐にわたる．

3.2 多項式の算法 NM, IF, DM, PsD, PsSD, SRM と PPF

単位可換環 R に係数を持つ変数 X の多項式全体 $R[X]$ は，**係数環 R の** (あるいは **R 上のとか R 係数**) (**一変数**) **多項式環**と呼ばれる，それ自身が重要な単位可換環である．のみならず，整数の b XP が b の整数係数多項式の形なので，多項式算法は整数計算にも適用することができる．

3.2.1 多項式の値および加減乗除と冪

代　入　多項式の或点での値を計算する．変数 X を単位環 $S \supseteq R$ の点 $x \in S$ に置換える代入 $X \leftarrow x$ は，加乗算を保ち環準同型を与える：

$$R[X] \ni f = f(X) \longmapsto f(x) \in S.$$

像 $R[x]$ も単位可換環で $f \in R[x][X]$ なので $x \in R$ として良い．つまり

$$f = f(X) = f_k X^k + \cdots + f_1 X + f_0 \in R[X] \tag{3.13}$$

の変数 X に $x \in R$ を代入した値 $f(x)$ を求める．一般に $f_k \neq 0$ のとき f は**次数** $\deg f := k \geq 0$ で**主係数** (**最高次係数**) $\mathrm{lc}\, f := f_k$ とし，**零多項式** 0 は $\deg 0 := -\infty$ で $\mathrm{lc}\, 0 := 0$ とする．多項式算法は次数に依存する R の演算回数で計算量を評価する．今 $f \neq 0$ とする．代入による加算は k 回が最悪で，改善の余地がない．より重要な乗算は，まともな計算では最悪 $k + \cdots + 1 + 0 = k(k+1)/2$ 回となる．これは先に $x^2, \ldots, x^k$ を求めれば $2k - 1$ 回に減らせるが，より利口な (Newton, Horner) **ネスティング法** (**Nesting Method**) **NM** がある．それは，次の**剰余定理** (**Remainder Theorem**) **RT** に於る f を $X - x$ で割算した**剰余** $f(x) \in R$ と**商** $q \in R[X]$ を共に求めるいわゆる**組立除法**である：

命題 3.2.1 (RT). 単位可換環 R 係数の $f \in R[X], x \in R$ に対して $f = (X - x)q + f(x)$ となる唯一つの商 $q \in R[X]$ が存在する．もし $\deg f > 0$ ならば $\deg q = \deg f - 1$，さもなくば $q = 0$ である．

特に $f \in R[X]$ が $X - x$ を**因数** (**約数**) に持つことと $x \in R$ を零点 ― (方程式 $f(X) = 0$ の) 根 ― に持つことは同値である，即ち**因数定理**が成立つ：

$$f = (X - x)q \text{ となる } q \in R[X] \text{ がある} \iff f(x) = 0. \qquad (3.14)$$

算法 3.2.1 (NM). 記号は命題 3.2.1 と (3.13) の通りとする．

入力 多項式 $f \in R[X]$ と点 $x \in R$．
出力 値 (剰余) $q_{-1} := f(x) \in R$ および商 $q \in R[X]$．
手順 (i) 初期化 $q_{k-1} \leftarrow f_k$．
(ii) 各 $i \leftarrow k-1, \ldots, 0$ に対し，係数 $q_{i-1} \leftarrow xq_i + f_i$．
(iii) 値 q_{-1} と商 $q \leftarrow q_{k-1}X^{k-1} + \cdots + q_1 X + q_0$ を出力して終了．

算法 3.2.1 NM では，係数環 R に於る加算，乗算回数が共に高々

$$k \qquad (3.15)$$

である．もし $\mathrm{lc}\, f = 1$ なら q_{k-2} の計算に乗算はいらない．また f が $X - x$ を因数に持つことが既知なら $f(x) = 0$ なので q_{-1} の計算はいらない．

3.2 多項式の算法 NM, IF, DM, PsD, PsSD, SRM と PPF

与えられた値を持つ多項式　逆に, 幾つかの点での値から元の多項式を計算する. 体に含まれている R を**整域**と呼び R を含む最小の体 F を R の**商体**と呼ぶが, このとき全 R 係数多項式の全零点を含む最小の体も存在し, それは R の**代数閉包**と呼ばれ, 特に代数閉包が自分自身と一致している R を**代数閉体**という. また整域 R では**標数** $\mathrm{ch}\, R \in \mathbb{P} \cup \{0\}$ である. そして $R[X]$ も整域である. 後の定理 3.2.2 PDT より $F[X]$ では素因数分解 (既約多項式への分解) が一意的なので, 任意の 非零 R 係数多項式の一次因数 $X - x$ $(x \in R)$ は次数個以下である. 故に, その零点は, 因数定理 (3.14) により, やはり次数個以下である. 即ち

$$^\sharp\{x \in R \mid f(x) = 0\} \leq \deg f \qquad (f \in R[X] \setminus \{0\}).$$

整域では, これにより $k \in \mathbb{Z}_{\geq 0}$ に対し, 相異る $k+1$ 個の点に於て値が一致する二つの k 次以下の多項式の差は零多項式なので, それらの点で特定の値を取るものは唯一つしかない. それは実際よく知られた (Waring, Euler, Lagrange) **補間公式 (Interpolation Formula) IF** を利用して効率的に求められる:

定理 3.2.1 (IF). 整域 R に於て $f \in R[X]$, $\deg f \leq k \in \mathbb{Z}_{\geq 0}$, 相異る $k+1$ 点 $x_0, \ldots, x_k \in R$ で $f(x_0) = y_0, \ldots, f(x_k) = y_k$ とする. このとき

$$f = \sum_{i=0}^{k} y_i \prod_{\substack{j=0 \\ j \neq i}}^{k} \frac{X - x_j}{x_i - x_j}.$$

注意 3.2.1. 右辺は係数に分母があるが, 両辺は R の商体 F で同じ $k+1$ 個の値を持ち $F[X]$ で等しく, 左辺は R 係数だから右辺も R 係数である.

定理 3.2.1 と同じ仮定の下, 記号は (3.13) の通りとすると R の商体 F で, 変数 $f_0, \ldots, f_k$ に関する $k+1$ 元連立一次方程式系

$$(f_0, \ldots, f_k) \begin{pmatrix} 1 & \cdots & 1 \\ x_0 & \cdots & x_k \\ \cdots & \cdots & \cdots \\ x_0{}^k & \cdots & x_k{}^k \end{pmatrix} = (y_0, \ldots, y_k)$$

を解いても f は求まるが, 行列計算は大変で F に於て $O\left(k^3\right)$ 回の演算が必要となる. しかし IF を使うと次の手順で f が求まる:

算法 3.2.2 (IF). 仮定と記号は定理 3.2.1 の通りとする.

入力 点 $x_0, \ldots, x_k \in R$ と値 $y_0, \ldots, y_k \in R$.

出力 次数 $\deg f \leq k$ で $f(x_0) = y_0, \ldots, f(x_k) = y_k$ となる $f \in R[X]$.

手順 (i) 多項式乗算 $g \leftarrow (X - x_0) \cdots (X - x_k)$.
(ii) 算法 3.2.1 により組立除法 $P_i \leftarrow g/(X - x_i)$ $(i \in \mathbb{Z}_{\geq 0, \leq k})$.
(iii) 算法 3.2.1 により代入 $z_i \leftarrow P_i(x_i)$ $(i \in \mathbb{Z}_{\geq 0, \leq k})$.
(iv) 和 $f \leftarrow (y_0/z_0)P_0 + \cdots + (y_k/z_k)P_k$ を出力して終了.

算法 3.2.2 IF で $k > 0$ として F に於る加減算, 乗除算の最大回数を求める. 先ず (i) は, 後の (3.18) とその下で見る様に, 共に $1 + 2 + \cdots + k = k(k+1)/2$ である. 次に (ii) は, 前の (3.15) とその下で見た様に, それぞれ $k(k+1)$, $(k-1)(k+1)$, また (iii) は同様に, それぞれ $k(k+1)$, $(k-1)(k+1)$ である. 最後に (iv) は, それぞれ $k(k+1)$, $k+1+(k+1)(k+1)$ である. 併せて加減算, 乗除算が共に

$$\frac{7k(k+1)}{2} = O\left(k^2\right) \tag{3.16}$$

回以下で済む. この評価式は $k = 0$ でも正しい.

注意 3.2.2. 与えられた値を持つ多項式を効率的に求めることは広い応用があり, 各種の補間公式や計算方法がある. 中でも, 通常**高速フーリエ変換** (**Fast Fourier Transform**) **FFT** と呼ぶ**高速回転和変換** (**Fast Rotation Sum Transform**) **FRST** は代入にも適用でき直後に触れる.

加減算 もし $f, g \in R[X] \setminus \{0\}$, $\deg f = k$, $\deg g = \ell$ ならば, 和と差 $f \pm g$ の計算は, 係数環 R に於て高々

$$\min(k, \ell) + 1 = O(\min(k, \ell)) \tag{3.17}$$

回の加減算である. 乗算がないのは当り前で, これは何でもない.

3.2 多項式の算法 NM, IF, DM, PsD, PsSD, SRM と PPF

乗　算　もし $f, g \in R[X] \setminus \{0\}$, $\deg f = k$, $\deg g = \ell$ ならば, 積 fg の計算は, 係数環 R で高々 $(k+1)(\ell+1)$ 回の乗算をして, これで得られた数を積の係数 $k+\ell+1$ 個に減らすために R で高々 $(k+1)(\ell+1) - (k+\ell+1) = k\ell$ 回の加算をする. 即ち R に於る最大加減算, 乗算回数は, それぞれ

$$k\ell = O\left(\max(k, \ell)^2\right), \qquad (k+1)(\ell+1) = O\left(\max(k, \ell)^2\right). \quad (3.18)$$

乗算回数は, もし $\operatorname{lc} f = 1$ なら $k(\ell+1)$, もし更に $\operatorname{lc} g = 1$ なら $k\ell$ で良い.
さて注意 1.3.1 の (iii) で予告した, 二つの改善方法の概略を述べる.

一つ目の方法は $k = 2^K - 1$, $K \in \mathbb{N}$ として k 次以下の多項式

$$f = aX^{2^{K-1}} + b, \qquad g = cX^{2^{K-1}} + d \quad \in \quad R[X]$$

を考える. ただし $a, b, c, d \in R[X]$ は $2^{K-1} - 1$ 次以下とする. 積 fg の計算に, 通常 $a \times c, a \times d, b \times c, b \times d$ と四回必要な多項式乗算 $\times$ を,

$$fg = acX^{2^K} + ((a+b)(c+d) - ac - bd)X^{2^{K-1}} + bd$$

により, 三回の $a \times c, b \times d, (a+b) \times (c+d)$ に減らせる. これを a, b, c, d に対して**再帰的**に反復適用する方法を (Karatsuba, Ofman) **ディジタル法 (Digital Method) DM** という. この DM の係数環 R に於る加減算, 乗算の回数を, それぞれ A_K, M_K 以下とする. 明らかに $M_K = 3M_{K-1}$ である. 加減算は, 先ず $2^{K-1} - 1$ 次以下の多項式演算, そして得られた数を積の係数 $2^{K+1} - 1$ 個に減らす計算について考慮する. これらを一緒にして $A_K = 2 \cdot 2^{K-1} + 3A_{K-1} + 5\left(2^K - 1\right) - \left(2^{K+1} - 1\right)$, 故に $A_K + 2^{K+3} - 2 = 3\left(A_{K-1} + 2^{K+2} - 2\right)$. 初項 $A_1 = 4, M_1 = 3$ だから

$$A_K = 6 \cdot 3^K - 8 \cdot 2^K + 2 = O\left(k^{\lg 3}\right), \qquad M_K = 3^K = O\left(k^{\lg 3}\right) \quad (3.19)$$

となり, この評価は $\lg 3 \fallingdotseq 1.585$ なので (3.18) より良い. なお, この R に於る加減算, 乗算回数の評価式は $K = k = 0$ でも正しい.

二つ目の方法は, 注意 3.2.2 の FRST を使う. 単位可換環 S が R を含み $S^\times$ が $N \in \mathbb{N}$ と位数 N の巡回群 $G = \langle z \rangle = \{z, z^2, \ldots, z^N = 1\}$ を含む, 即ち $R \cup \{N^{-1}\} \cup G \subseteq S$ とする. このとき R 係数 $N - 1$ 次以下多項

式について, 通常 (3.15) から G の N 点に於る値は S での演算回数が最悪 $N(N-1) = O\left(N^2\right)$ で求まるが, それが FRST により高々

$$O(N \lg N) \qquad (3.20)$$

で求まることが知られている. 加えて G の N 点で特定の値を取る $N-1$ 次以下多項式の決定も, 環 S での演算回数が, この特別の場合には前の IF の (3.16) による $O\left(N^2\right)$ より, 更に少い (3.20) で済むことも知られている. これは, より大きい S で計算する弱点があるが, もし N が大きいならば効果を発揮する. そこで二つの k 次以下の多項式 $f, g \in R[X]$ の積 fg の計算に, 次の図式を $N = 2k + 1$ で用いる:

 (i) 多項式 f, g の特殊値 $2N$ 個 $f\left(z^i\right), g\left(z^i\right)$ $(i \in \mathbb{Z}/N)$ を計算する.
 (ii) 求めた特殊値の積 $f\left(z^i\right) g\left(z^i\right)$ $(i \in \mathbb{Z}/N)$ を N 個計算する.
 (iii) 求めた積 N 個を値に取る $N-1$ 次以下多項式を fg として計算する.

各々の S に於る演算回数は, もちろん (ii) が $N = O(N) = O(k)$ で, それぞれ (i) と (iii) が FRST を用いれば $O(2N \lg N) = O(k \lg k)$ と $O(N \lg N) = O(k \lg k)$ である. したがって総演算回数も

$$O(k \lg k) \qquad (3.21)$$

で済み [Kam88], 大きい k に対しては (3.19) より格段に優れている.

注意 3.2.3. 以上の工夫を, 桁数 k の b XP 整数, 特に k ビット整数に適用して, 注意 1.3.1 の (iii) に書いた結果が得られ, 具体的な BC 評価は注意 1.3.2 の様になる. これらは実質的な内容が [CP01, §§9.5–6] にある.

除 算 多項式環の可逆元は, 係数環でも可逆元である**定数多項式**に限る:

$$R[X]^\times = R^\times.$$

しかし定数多項式以外でも割算が整数と似た形で実行できる. 除算は, 次の**多項式除法定理** (Polynomial Division Theorem) **PDT** が基本となる. 証明は定理 1.2.1 DT と同様なので省略する.

定理 3.2.2 (PDT). 単位可換環 R で $f, g \in R[X]$, $\mathrm{lc}\, g \in R^\times$ に対して

$$f = gq + r, \qquad \deg r < \deg g,$$

となる $q, r \in R[X]$ が存在する．もし R が整域なら (q, r) は唯一組である．

これは命題 3.2.1 の拡張で，計算は整数係数等と同じ操作を R でする．今 $(\mathrm{lc}\, g)^{-1}$ が求めてあれば $k = \deg f \geq \deg g = \ell$ のとき，商 q の各係数について乗算 $\ell + 1$ 回と減算 ℓ 回を，全部で $k - \ell + 1$ 回するから，最大減算，乗算回数はそれぞれ

$$\ell(k - \ell + 1), \qquad (\ell + 1)(k - \ell + 1). \tag{3.22}$$

乗算は，もし $\mathrm{lc}\, g = 1$ なら q の各係数について ℓ 回で，もし更に $\mathrm{lc}\, f = 1$ なら $\mathrm{lc}\, q$ についてはしない．また $r = 0$ が既知なら，剰余計算はいらない．

注意 3.2.4. それでは，もし $g \neq 0$ でも $\mathrm{lc}\, g \notin R^\times$ なら問題であるが，その場合に関しては §3.2.2 の命題 3.2.2 で擬除算として述べる．

注意 3.2.5. 除算は，整数のときに注意 1.3.1 (iv) で述べたと同様に，乗算とほぼ同等の計算量でできる．したがって k 次以下の多項式除算は演算回数 (3.19) や (3.21) でできる．詳細は [CP01, §9.6.2] 等を参照してほしい．

冪　法　　多項式の冪を計算すると次数がどんどん高くなるので，いくら反復平方法 RS や加法鎖 AC により乗算回数を減らしても一般に計算量が大きくなる．巨大整数の冪法も同様で，事情が合同式の場合 (定理 2.2.1) と異る．これは避けられないので，通常は大部分の係数が 0 である**疎な多項式**と，そうでない**密な多項式**を別々に考え，都合の良い多項式を使う様に工夫する．ここでは，この問題に触れないことにして，係数環 R での乗算回数を少くする例をいくつか挙げるに留める．

例 3.2.1. 冪を RS で求めれば**平方計算**は何度もでてくるので，その高速化を考える．次数 $k \in \mathbb{Z}_{\geq 0}$ の $f \in R[X]$ の平方を，単純な方法による乗算 $f^2 = f \times f$ で行えば，乗算は (3.18) により R で最大

$$(k + 1)^2$$

回である．しかし R の乗法は可換なので式 (3.13) に於て $f_i f_j = f_j f_i$ ($0 \leq$

$i < j \leq k$) だから, 約半分 —— 一日仕事が半日で済む程度 —— の乗算回数

$$(k+1)^2 - \binom{k+1}{2} = \frac{(k+1)(k+2)}{2}$$

で良い. したがって, 単なる積計算とは別に平方計算を実装しておいた方が便利である. また, 平方計算は標数 $\operatorname{ch} R \neq 2$, 即ち $2 \in R^\times$, なら, 次数 k の $f, g \in R[X]$ の積を $fg = ((f+g)^2 - (f-g)^2)/4$ と求めることにも応用できる. これは一見不合理の様だが, 上述した平方計算を別実装すれば, 乗算は (3.18) の $(k+1)^2$ より高々 $k+1$ 回しか増えない. 例えば, 特に f, g の係数が最高次から二つ以上一致しているときは $\deg(f-g) \leq k-2$ で, 乗算回数は $k^2 + k + 1$ 以下となり, この方が速い. 無論 DM や FRST により乗算回数は (3.19) や (3.21) とできるが, これらの方法は効率的な実装がさほど簡単ではなく, 巨大な k に対して初めて有効である. そして, これらの場合も平方計算は僅かに効率が上がる. この様に<u>効率化した平方計算の別実装は非常に重要</u>である.

例 3.2.2. 乗法の R に於る可換性は, 多項式を二分割して二項定理により $n \in \mathbb{N}$ 乗を求める**二項係数法**にも使える. 実際 $K \in \mathbb{N}$ に対して

$$f = aX^{2^{K-1}} + b \quad \in \quad R[X], \qquad \operatorname{lc} f \in R^\times,$$

を考える. ただし $a, b \in R[X]$ は $m := 2^{K-1} - 1$ 次以下とする. このとき

$$f^n = \sum_{i=0}^{n} \binom{n}{i} a^{n-i} b^i X^{2^{K-1}(n-i)}$$

は, 冪 a^n を求め, それに定理 3.2.2 PDT の多項式除算 $\div a$ と多項式乗算 $\times b$ を n 回反復して, 順次 $a^{n-1}b, \ldots, b^n$ を求め, それらと二項係数の積を取れば良い. あらかじめ二項係数と $(\operatorname{lc} f)^{-1}$ は求めてあるとして, この R に於る最大乗算回数 M_K を評価する. もし $K > 1$ なら R に於る最大乗算回数は, 先ず a^n で M_{K-1}, また $\div a$ と $\times b$ を n 回で (3.22) と (3.18) より $2n(m+1)(nm - m + 1)$, 最後に二項係数の乗算が $(n-1)(nm+1)$ である. 併せて $M_K = M_{K-1} + 2n(n-1)m^2 + n(3n-1)m + 3n - 1$. 故に

3.2 多項式の算法 NM, IF, DM, PsD, PsSD, SRM と PPF

$$M_K = M_1 + \sum_{j=1}^{K-1} \left(2n(n-1)4^j - n(n-3)2^j - (n-1)^2\right).$$

したがって, 定理 1.4.1 から $M_1 = 3n + 2\lg n - 1$ なので,

$$\frac{2n(n-1)}{3}k^2 - \frac{n(n+5)}{3}k - (n-1)^2\lg(k+1) + 2\lg n = O\left(n^2 k^2\right) \quad (3.23)$$

回以下の R に於る乗算で f^n が求まる, ただし $\deg f \le k := 2^K - 1$. これを RS と上の例 3.2.1 で計算すると, 最悪の場合 R に於る乗算回数が

$$\frac{n(3n+2)}{2}k^2 + \frac{11n - 2\lg(n+1)}{2}k + \lg(n+1)$$

以下にしかならず, 式 (3.23) の方が良い評価となる. なお (3.18) の下や (3.22) の下で見たことから, 二つの改良を (3.23) に加えることができる. 一つは $\div a$ で剰余計算をしなくて良い. 二つ目は $\mathrm{lc}\, f = 1$ なら不要となる乗算がある. これらを考慮した二項係数法の最大乗算回数を書いておく:

$$\frac{2n(n-1)}{3}k^2 - \frac{2n^2 - 5n + 6}{3}k + n\lg(k+1) + n + 2\lg n + 1 \quad (\mathrm{lc}\, f = 1, n > 1).$$

冪検出 式 (3.13) の $f \ne 0$ が $R[X]$ 内で $n \in \mathbb{Z}_{>1}$ 乗かどうか調べる. それには n 乗であるための必要条件が沢山利用できる. 先ず $n \mid k$ の必要があり, これは k が小さいときに有効である. また f_k や f_0 自体も R 内で n 乗の必要があり, その他の係数にも色々な制限が付く. 更に f の**微分**は

$$f' := k f_k X^{k-1} + \cdots + 2 f_2 X + f_1 \quad (3.24)$$

で与えられ R に於て $k-1$ 回の乗算で計算できるが, このとき $n-1$ 次の微分 $f^{(n-1)}$ と f は共通因数を持つ必要があり, これは $R[X]$ で最大公約数の計算ができれば使える. 後に §3.2.3 で述べる, これを利用した平方自由分解ができる場合は, 容易に冪検出できてしまう. そして $R = \mathbb{Z}$ 等の場合は, 係数を法 $m \in \mathbb{N}$ で考えても n 乗の必要があり, これが整数の冪検出と同様に効果を発揮する. この様に多項式冪検出は必要条件に制限が多く, 整数冪検出より状況による使い分けが大事である.

3.2.2 多項式の最大公約数

本節では計算量については厳密な考察をしないで適当な参考書に譲る.

整 除 単位可換環 R に於て $a, b, c \in R$, $a = bc$ のとき $c \mid a$ と書いて c は a の**約数** (**因数, 因子**), 又は a は c の**倍数**, 又は a は c で**整除される** (**割切れる**) といい, そうでないとき $c \nmid a$ と書く. 次に $c \mid a - b$ のとき $a \equiv b \pmod{c}$ と書いて a と b は c **を法として合同**という. そして $c \in R$ を法とする合同は R の同値関係で, 代表元 $a \in R$ の同値類を**剰余類**と呼び $a \bmod c$ と書く. その同値類全体 R/c は $a, b \in R$ に対して

$$(a \bmod c) + (b \bmod c) := (a+b) \bmod c, \quad (a \bmod c)(b \bmod c) := (ab) \bmod c$$

により単位可換環で R の c を法とする**剰余環**という. また $a, b \in R$ は $a \mid b$, $b \mid a$ なら $a \sim b$ と書き, **同伴**という. 二つの元が同伴とは互に他の単数倍ということである. 非単数非零元 $p \in R \setminus (R^\times \cup \{0\})$ は, 性質「$a, b \in R$, $p \nmid a, p \nmid b \implies p \nmid ab$」が成立つとき**素元**, 性質「$a \in R \setminus R^\times$, $a \not\sim p \implies a \nmid p$」が成立つとき**既約元**という. 整域では素元なら既約元でもある. 任意の単数でない非零元を, 素元の有限積で表すこと —— **素因数分解 PF** —— が可能な整域を**一意分解整域** (Unique Factorization Domain) **UFD** という. 体に素元はないが UFD に含める. 定義から UFD では PF は積の順序と同伴を除いて一意的で, 素元と既約元は一致する. 更に UFD R では $a_1, \ldots, a_n \in R$ が**互に素**とか, それらの**公約数, 公倍数, 最大公約数 GCD** $\gcd(a_1, \ldots, a_n)$, **最小公倍数 LCM** $\mathrm{lcm}(a_1, \ldots, a_n)$ 等も, 整数のときと同様, 自然に (単数 $R^\times$ 倍を除いて) 定まる. 素元に対する記号 $\parallel$ も定理 1.2.2 と同じとする.

互除法 もし $\underline{R \text{ が体}}$ なら定理 3.2.2 PDT の仮定が任意の除数 $g \neq 0$ について成立する. したがって $\mathbb{Z}$ と同様に $R[X]$ も UFD になり, そこでの SD や XSD があり, それで GCD 計算等ができる. これらは形式的に算法 2.1.1 や 2.1.2 を拡張するだけなので省略するが, 例えば [Coh93, §3.2.1] にある.

擬除算　多項式の GCD を定理 3.2.2 PDT が通用しない場合にも計算するために, 除算を拡張した次の**擬除算** (**Pseudo-Division**) **PsD** を考える.

命題 3.2.2 (PsD). 任意の $f, g \in R[X]$, $\deg f \geq \deg g \geq 0$ に対して

$$(\mathrm{lc}\, g)^{\deg f - \deg g + 1} f = gq + r, \qquad \deg r < \deg g,$$

となる $q, r \in R[X]$ が存在する. もし R が整域なら (q, r) は唯一組である.

実際に f に乗ずる必要のある $\mathrm{lc}\, g$ の冪は $\deg f - \deg g + 1$ より少い場合もある. また, たとえ $\deg f < \deg g$ でも $g \neq 0$ なら $f = g \times 0 + f$ と擬除算ができる. これらを考慮すると

算法 3.2.3 (PsD). 係数環 R での除算はなく加減乗算のみで済む.
入力　多項式 $f, g \in R[X]$, $g \neq 0$, $(\ell, b) := (\deg g, \mathrm{lc}\, g)$.
出力　条件 $b^i f = gq + r$, $\deg r < \deg g$ を充す $i \in \mathbb{Z}_{\geq 0}$, $q, r \in R[X]$.
手順　(i) 初期化 $(i, q, r, k, a) \leftarrow (0, 0, f, \deg f, \mathrm{lc}\, f)$.
　　　　(ii) もし $k < \ell$ ならば (i, q, r) を出力して終了, さもなくば順次 $(i, q, r) \leftarrow (i+1, bq + aX^{k-\ell}, br - aX^{k-\ell}g)$, $(k, a) \leftarrow (\deg r, \mathrm{lc}\, r)$ として反復.

注意 3.2.6. もし $\deg f \geq \ell$ なら, 算法 3.2.3 PsD の出力 $i \leq \deg f - \ell + 1$ だが最小と限らない. 途中の係数を小さくするため, 最初に $b^{\deg f - \ell + 1} \times f$ としない. 命題 3.2.2 の形は出力 q, r に $\times b^{\deg f - \ell + 1 - i}$ として得られる.

擬互除法　多項式の GCD は $R[X]$ が UFD となるときに考えることができる. これに関しては次の基本的な事実が知られている.

定理 3.2.3. (Gauß) 整域 R に対して「R が UFD $\iff R[X]$ が UFD」.

そこで 以後§3.2 の最後迄 R は UFD と仮定する. このとき, 式 (3.13) で与えられた f の**内容** $\mathrm{cont}\, f$, **原始部分** $\mathrm{pp}\, f$ を, それぞれ

$$\mathrm{cont}\, f := \gcd(f_k, \ldots, f_0) \in R, \qquad \mathrm{pp}\, f := f / \mathrm{cont}\, f \in R[X]$$

で定義する. 零多項式については $\operatorname{cont} 0 = 0$ であるが $\operatorname{pp} 0 := 0$ とする. 内容と原始部分は単数 $R[X]^\times = R^\times$ 倍, 即ち同伴 $\sim$, を除いて定まる. 特に $\operatorname{cont} f \sim 1$ なら f は**原始的**であるという. もし $f \ne 0$ なら $\operatorname{cont} f$ と $\operatorname{pp} f$ は互いに素で $\operatorname{pp} f$ は原始的多項式である. 定理 3.2.3 は証明しないが, その根拠ともなるいくつかの重要な性質を, これも証明抜きで述べる.

定理 3.2.4. UFD R 係数多項式環 $R[X]$ に於ては以下が成立する:
  (i) 積の内容は内容の積, 即ち任意の $f, g \in R[X]$ に対して $\operatorname{cont}(fg) \sim (\operatorname{cont} f)(\operatorname{cont} g)$, したがって $\operatorname{pp}(fg) \sim (\operatorname{pp} f)(\operatorname{pp} g)$ である.
  (ii) 係数環の素元は多項式環でも素元, 即ち $p \in R$ は「R で素元 $\iff$ $R[X]$ で素元」である.
  (iii) 原始的 R 係数多項式は R の商体 F 係数で既約なら元々既約, 即ち $f \in R[X]$, $\operatorname{cont} f \sim 1$, は「$R[X]$ で素元 $\iff$ $F[X]$ で素元」である.

さて**擬互除法 (Pseudo-Successive Division) PsSD** で GCD を求める.

算法 3.2.4 (PsSD). GCD 計算と整除 (倍数の割算) が R で可能とする.
入力 多項式 $f, g \in R[X]$.
出力 GCD $d := \gcd(f, g) \in R[X]$.
手順 (i) 初期化 $(d, f, g) \leftarrow (\gcd(\operatorname{cont} f, \operatorname{cont} g), \operatorname{pp} f, \operatorname{pp} g)$.
  (ii) もし $g \in R$ なら $d \leftarrow fd$ を出力して終了, さもなくば $r \in R[X]$ を算法 3.2.3 で求め $(f, g) \leftarrow (g, \operatorname{pp} r)$ として反復.

注意 3.2.7. この様に UFD では SD を PsSD に拡張して多項式の GCD が求まるが, たとえ R が UFD でも $R[X]$ では命題 2.1.1 が成立すると限らないので, 一般には XSD の多項式への拡張はうまくいかない. 例えば $R = \mathbb{Z}$ のとき $p \in \mathbb{P}$ と X は $R[X]$ の同伴でない素元だから, 互に素, 即ち $\gcd(p, X) \in R[X]^\times = R^\times$, であるが $ps + Xt \in R^\times$ となる $s, t \in R[X]$ は, 定数項を法 p で考えれば矛盾が起こるから, 存在し得ない.

部分終結式法 算法 3.2.4 PsSD では毎回 $\operatorname{cont} r$ で簡約しているので計算量が大きい. しかし, その一方で簡約せず r のまま計算すれば係数が急速に増

3.2 多項式の算法 NM, IF, DM, PsD, PsSD, SRM と PPF

大する**係数爆発**問題を抱え, やはり計算量に影響がでる. そこで, その両方を避ける手段として**部分終結式法** (SubResultant Method) **SRM** を紹介する.

算法 3.2.5 (SRM). GCD 計算と整除 (倍数の割算) が R で可能とする.

入力 多項式 $f, g \in R[X]$.

出力 GCD $d := \gcd(f, g) \in R[X]$.

手順 (i) 初期化 $(d, f, g, a, c) \leftarrow (\gcd(\operatorname{cont} f, \operatorname{cont} g), \operatorname{pp} f, \operatorname{pp} g, 1, 1)$. もし $\deg f < \deg g$ なら $(f, g) \leftarrow (g, f)$.

(ii) もし $g \in R$ なら $d \leftarrow d \operatorname{pp} f$ を出力して終了, さもなくば $(i, b) \leftarrow (\deg f - \deg g, \operatorname{lc} g)$ として命題 3.2.2 の $r \in b^{i+1} f - gR[X]$ を注意 3.2.6 で見た様に算法 3.2.3 で求め $(f, g, a, c) \leftarrow \left(g, r/\left(ac^i\right), b, cb^i/c^i\right)$ として反復.

算法 3.2.5 SRM で除算は全て整除となる. 毎回 $\operatorname{cont} r$ を計算するのではなく, 漸化的に c を求め $\operatorname{cont} r$ の大きい約数 ac^i で簡約し, 手間と係数爆発とを共に抑えるのが要点である. この $r/\left(ac^i\right)$ は符号を除き f, g の**部分終結式**で, 特別の場合が終結式である. そして終結式の特別の場合として多項式の判別式を表現することができる.

終結式と判別式 非零多項式 $f, g \in R[X] \setminus \{0\}$ の**終結式** $S(f, g)$ は

$$S(f, g) := (\operatorname{lc} f)^\ell g(x_1) \cdots g(x_k) \in R$$

で定義される. ここで $k = \deg f$, $\ell = \deg g \geq 0$ で $x_1, \ldots, x_k$ は整域 R の代数閉包 F に於る重複も込めた f の k 個の根である. そして, 次数 $k > 0$ である場合に f の**判別式**は, 式 (3.24) の微分 f' を用いて,

$$D(f) := (-1)^{k(k-1)/2}(\operatorname{lc} f)^{k-2} f'(x_1) \cdots f'(x_k) \in R$$

で定義される. 更に, もし $k = 0$ なら $S(f, 0) := S(0, f) := D(f) := 1$, さもなくば $S(f, 0) := S(0, f) := 0$ とし, また $S(0, 0) := D(0) := 0$ とする. このとき, 因数定理 (3.14) と併せて, 容易に導かれる性質として

命題 3.2.3. 整域 R の代数閉包を F とし $f, g \in R[X]$ とする. このとき

(i) f と g が F 内に共通根を持つ $\iff S(f,g) = 0$.
(ii) f が F 内に重根を持つ $\iff D(f) = 0$.

再び $fg \neq 0$, 即ち $k, \ell \geq 0$ とする. 微分が零多項式 $f' = 0$ のときには $k > 0$ なら $D(f) = 0$ で $k = 0$ なら $D(f) = 1$ となる. そうでないときには

$$D(f) = (-1)^{k(k-1)/2}(\operatorname{lc} f)^{k-\deg f'-2}S(f, f')$$

だから終結式が求まれば判別式も判る. そこで f は (3.13) の通りで $g = g_\ell X^\ell + \cdots + g_1 X + g_0$ とすると, もし $k = \ell = 0$ なら $S(f,g) = 1$ で, さもなくば $S(f,g)$ は次の $(k+\ell) \times (k+\ell)$ 行列の行列式となることが知られている:

$$\begin{pmatrix}
f_k & \cdots & \cdots & \cdots & \cdots & f_1 & f_0 & 0 & \cdots & \cdots & 0 \\
0 & f_k & \cdots & \cdots & \cdots & \cdots & f_1 & f_0 & \ddots & & \vdots \\
\vdots & & \ddots & & & & & & \ddots & \ddots & \vdots \\
\vdots & & & \ddots & & & & & & \ddots & 0 \\
0 & \cdots & \cdots & 0 & f_k & \cdots & \cdots & \cdots & \cdots & f_1 & f_0 \\
g_\ell & \cdots & \cdots & \cdots & g_1 & g_0 & 0 & \cdots & \cdots & \cdots & 0 \\
0 & g_\ell & \cdots & \cdots & \cdots & g_1 & g_0 & \ddots & & & \vdots \\
\vdots & & \ddots & \ddots & & & & \ddots & & & \vdots \\
\vdots & & & \ddots & \ddots & & & & \ddots & & \vdots \\
\vdots & & & & \ddots & \ddots & & & & \ddots & 0 \\
0 & \cdots & \cdots & 0 & g_\ell & \cdots & \cdots & \cdots & \cdots & g_1 & g_0
\end{pmatrix}.$$

注意 3.2.8. ここ迄の終結式・判別式に関する事実は一般の整域 R で良い.

行列式計算でも終結式は求まるが部分終結式による SRM と似た方法が

算法 3.2.6 (終結式). GCD 計算と整除 (倍数の割算) が R で可能とする.
入力 多項式 $f, g \in R[X] \setminus \{0\}$.
出力 終結式 $s := S(f,g) \in R$.
手順 (i) 初期化 $(k, \ell) \leftarrow (\deg f, \deg g)$ と代入して $(s, f, g, a, c) \leftarrow$

$\bigl((\operatorname{cont} f)^{\ell}(\operatorname{cont} g)^k,\ \operatorname{pp} f,\ \operatorname{pp} g,\ 1,\ 1\bigr)$. もし $k \geq \ell$ ならば $b \leftarrow \operatorname{lc} g$, さもなくば $(k, \ell, s, f, g, b) \leftarrow \bigl(\ell, k, (-1)^{k\ell}s, g, f, \operatorname{lc} f\bigr)$.

(ii) もし $g \in R$ なら $s \leftarrow scb^k/c^k$ を出力して終了, さもなくば $i \leftarrow k-\ell$ として命題 3.2.2 の $r \equiv b^{i+1}f - gR[X]$ を注意 3.2.6 で見た様に算法 3.2.3 で求め, $(k, \ell, s, f, g, a, c) \leftarrow \bigl(\ell, \deg r, (-1)^{k\ell}s, g, r/(ac^i), b, cb^i/c^i\bigr)$, $b \leftarrow \operatorname{lc} g$ として反復.

注意 3.2.9. 算法 3.2.6 は, もし $0^0 = 1$, $0^{-\infty} = 0$, $1^{1-(-\infty)} = 1^{+\infty} = 1$ と約束すれば, 任意の $f, g \in R[X]$ に対して, つまり $fg = 0$ でも通用する.

3.2.3 多項式の因数分解

本項でも計算量については考えない. 与えられた UFD 係数の非単数非零多項式 $f \in R[X]$ を既約多項式の積に分解する, 即ち**多項式素因数分解** (Polynomial Prime Factorization) **PPF** の基本戦略は:

(i) 先ず f の**平方自由分解** (Square Free Factorization) をして問題を f が平方因子を持たない場合に帰着する.

(ii) 次に適当な係数環の素元 $p \in R$ をとり, 法 p での分解 $f \equiv gh \pmod{p}$, $g, h \in R[X]$, 即ち剰余環 R/p 係数の分解を求める. ここで自明でない分解ができない f は既約である.

(iii) 更に適当な $n \in \mathbb{N}$ まで法 p^n への**持上げ** $f \equiv gh \pmod{p^n}$, 即ち剰余環 R/p^n 係数の分解を求める. これを十分に大きい n で行なえば $R[X]$ で $g \mid f$ となる可能性がある全ての g が求まる.

(iv) 最後に候補の g が実際に f の因数かどうか確める.

このうち (iv) に通常は一番時間がかかる. 特に $R = \mathbb{Z}$ の場合に, これを高速化する方法が §3.1.4 の格子の準簡約形 SRF を求める算法 3.1.3 SRA の応用にある. これが元来 SRF を導入した目的で, それは理論的には成功を収めているが, 候補の多項式で試し割算する方が速い場合が多い. 最近では SRA の改良 [vH01] を用いている代数システム maple [Map], MAGMA [MAG], NTL [NTL], Pari/GP [Par] もあるが詳細は省略する. ここでは最初の三段階について重要な部分だけ大雑把に触れる.

平方自由分解 同伴でない $R[X]$ の素元の代表 P を固定する. もし

$$f \in R[X] \setminus \{0\}; \quad S_i = \{\ell \in P \mid \ell^i \| f\}, \quad g_i = \prod_{\ell \in S_i} \ell \quad (i \in \mathbb{N})$$

なら, 平方因子が無く —— **平方自由**で —— 二個ずつ互に素な, 即ち

$$\ell^2 \nmid g_i \quad (\ell \in P, i \in \mathbb{N}), \qquad \gcd(g_i, g_j) = 1 \quad (i, j \in \mathbb{N}, i \neq j)$$

である f の因子 g_i $(i \in \mathbb{N})$ が定まり, 平方自由分解

$$f \sim g_1 \, g_2{}^2 \cdots g_k{}^k, \qquad k = \max\{i \in \mathbb{N} \mid S_i \neq \emptyset\}$$

の形に表現できる. これを, 微分により求める簡単な方法が, 前提条件

$$\ell \in P, \ell \mid f \implies \ell' \neq 0 \tag{3.25}$$

が成立すれば存在する. このとき $\operatorname{cont} f \sim 1$ で, しかも

$$f \text{ が平方自由} \iff \gcd(f, f') \sim 1 \iff D(f) \neq 0$$

となる. 以下, 標数 $p := \operatorname{ch} R \in \mathbb{P} \cup \{0\}$ による場合分けで計算する.

先ず $p = 0$ の場合, 条件 (3.25) は $\operatorname{cont} f \sim 1$ と同値で, もし R 自身が体なら常に充されている. もし $f \sim 1$ なら何もすることはない. さもなくば

$$f_1 := \gcd(f, f'), \qquad h_1 := f/f_1$$

として, 順次 $i = 1, 2, \ldots$ に対して $f_i \not\sim 1$ の間

$$h_{i+1} := \gcd(f_i, h_i), \qquad f_{i+1} := f_i / h_{i+1} \tag{3.26}$$

とする. もし $j := \min\{i \in \mathbb{N} \mid f_i \sim 1\}$ ならば,

$$g_i \sim h_i / h_{i+1} \quad (i \in \mathbb{N}_{<j}), \qquad g_j \sim h_j \tag{3.27}$$

で $k = j$ である. 微分の他には $R[X]$ に於る GCD 計算と整除 (倍数の割算) のみが現れる. これで原始部分に対する平方自由分解ができる.

次に $p \in \mathbb{P}$ の場合, 条件 (3.25) は $\operatorname{cont} f \sim 1$ の他に, もし R が性質

$$x \in R \implies y^p = x \text{ となる } y \in R \text{ がある} \tag{3.28}$$

を持つ, あるいは (今 R は UFD なので) これと同じだが R の商体が**完全体**, とすれば常に充されている. 特に代数閉体や §3.3 の有限体は完全体である. このとき (3.26) に於て $p \mid i$ に対しては $h_{i+1} := h_i$ として, 上の操作を $f_i \notin R[X^p]$ の間すれば, 式 (3.27) で $p \nmid i$ に対する g_i が得られる. ただし k は未確定で, もし $j := \min\{i \in \mathbb{N} \mid f_i \in R[X^p]\}$ ならば,

$$f_j = \sum_{m \in \mathbb{Z}/n} x_m X^{mp} = \sum_{m \in \mathbb{Z}/n} (y_m X^m)^p = s^p, \qquad s := \sum_{m \in \mathbb{Z}/n} y_m X^m \in R[X],$$

と書ける. ここで (3.28) より $y_m \in R$, $y_m{}^p = x_m$ $(m \in \mathbb{Z}/n)$. そこで s に対して同じ計算を続ければ良い. この計算には (3.28) の様な y を x から求める必要があるが, それは有限体 R 等については簡単にできる.

注意 3.2.10. 前提条件 (3.25) が不成立な場合は難しい問題が残る. 例えば, もし $f \in \mathbb{Z}[X]$, $\operatorname{cont} f \neq \pm 1$, なら, 整数 $\operatorname{cont} f$ の平方自由分解の部分が残り, これはおそらく素因数分解と同程度に困難であろうと思われる.

有限体上の分解 ここでは $\mathbb{Z}$ 係数に話を絞る. 法 $p \in \mathbb{P}$ で $f \in \mathbb{Z}[X]$ は平方自由, 即ち $p \nmid D(f)$, とできる. 実際, 先ず $\mathbb{Z}[X]$ で平方自由分解をしてから $D(f)$ と素な p を選んでも良いし, 初めから $\mathbb{Z}[X]/p = (\mathbb{Z}/p)[X]$ で平方自由分解をしても良い.

さて $\mathbb{Z}/p$ は有限体なので, 一般に $q := {}^\sharp F < +\infty$ の体 F で $f \in F[X]$ ($n := \deg f$, $D(f) \neq 0$) を分解する. 以下の詳細な手順は [Coh93, Algorithm 3.4.10] 等を参照のこと. 先ず, 定理 3.2.2 PDT により

$$X^{iq} \equiv \sum_{j \in \mathbb{Z}/n} a_{i,j} X^j \pmod{f} \qquad (i \in \mathbb{Z}/n)$$

を求める. 次に, 行列 $A := (a_{i,j})_{i,j \in \mathbb{Z}/n} \in F^{n \times n}$ に対し, 核 (零空間)

$$\operatorname{Ker}(A - 1_n) = \{Z \in F^n \mid ZA = Z\}$$

の F 基底 $B \subseteq F^n$ を, 線型代数で $A - 1_n$ の行基本変形により, 特に $G := (1, 0, \ldots, 0) \in B$ となる様に求めれば, このとき f の既約な因子は $k := {}^\sharp B$ 個となる. 最後に, 各 $(g_0, \ldots, g_{n-1}) \in B \setminus \{G\}$ に対して

$$g_{n-1}X^{n-1} + \cdots + g_0 - x \qquad (x \in F)$$

と f との GCD や, それで得られた二次以上の多項式との GCD を, 相異る k 個の非定数 (既約) 多項式が得られる迄計算し続ける. これで有限体上の平方自由多項式の素因数分解が完了する.

局所体への持上げ ここでも $\mathbb{Z}$ 係数に話を絞る. 既に法 $p \in \mathbb{P}$ で, 互に素な因数の積に分解された多項式から, 素冪の法 p^n ($n \in \mathbb{N}$) での分解を, 局所体 (p 進数体) を考える一つの動機でもある, 下の定理を利用して構成できる. 定理の証明が, そのままで実際の構成方法となっている:

定理 3.2.5. (Hensel) 今 $p \in \mathbb{P}$ と $f, g_1, h_1 \in \mathbb{Z}[X]$ に対して

$$f \equiv g_1 h_1 \pmod{p}, \qquad p \nmid \mathrm{lc}\, f, \qquad \gcd(g_1 \bmod p, h_1 \bmod p) \sim 1$$

と仮定する. このとき $\deg f = \deg g_1 + \deg h_1$ で, 各 $n = 2, 3, \ldots$ に於て

$$f \equiv g_n h_n \pmod{p^n}, \qquad g_n \equiv g_{n-1}, h_n \equiv h_{n-1} \pmod{p^{n-1}}$$

で $\deg f = \deg g_n + \deg h_n$ となる $g_n, h_n \in \mathbb{Z}[X]$ がある.

証明. 先ず, 仮定から $r, s \in \mathbb{Z}[X]$, $rg_1 + sh_1 \equiv 1 \pmod{p}$ とする. (これは $\mathbb{Z}/p$ が体だから, 76 頁, 又は §2.1.1, にある様に拡張互除法 XSD で求める.) そこで, 再帰的に $n = 2, 3, \ldots$ に対して

$$g_n := g_{n-1} + s(f - g_{n-1}h_{n-1}), \qquad h_n := h_{n-1} + r(f - g_{n-1}h_{n-1})$$

とすれば良いことが容易に判る. Q.E.D.

この証明と本質的に方法は同じだが, より効率的なアルゴリズムや一意性等の厳密な議論に関しては [Coh93, §3.5.3] を参照してもらいたい.

整数係数多項式の分解 最後に $f \in \mathbb{Z}[X]$, $\mathrm{cont}\, f = \pm 1$, の分解を完結する. 適当な $p \in \mathbb{P}$, $n \in \mathbb{N}$ に対して $(\mathbb{Z}/p^n)[X]$ に於ては,

$$f \equiv g_1 \cdots g_m \pmod{p^n} \qquad (m \in \mathbb{Z}_{>1})$$

と，二つずつ互に素な既約多項式の積に分解しているとして良い．今 $k := \deg f$ で (3.13) の通りなら，因子 $g \mid f$ ($g \in \mathbb{Z}[X] \setminus \{\pm 1, \pm f\}$) は $\operatorname{lc} g \mid f_k$ (故に有限個) で，その他の係数の絶対値が $f_0, \ldots, f_k$ の簡単な式，例えば

$$(\operatorname{lc} g) \max_{i \in \mathbb{Z}/k} \left(\binom{k-1}{i} \left(\max \left(\left|\frac{f_1}{f_0}\right|, \ldots, \left|\frac{f_k}{f_0}\right| \right) + 1 \right)^i \right)$$

を超えない．そこで n を十分に大きくとれば g は g_i ($i \in \mathbb{Z}_{\geq 0, \leq m}$) 達の積の中から得られる．この評価は自明だが極めて悪いので，実用的な計算にはアルゴリズムと共に [Coh93, §3.5] 等の適切な文献による必要がある．

3.3 有限体の構成

3.3.1 多項式の合同式と代数拡大

我々は，最も身近で特別な単位可換環 (整域, UFD, 除法定理成立) である整数環 $\mathbb{Z}$ から出発して，色々な代数的構造を対象としてきた：

- 整域を含む最小の体である商体，特に $\mathbb{Z}$ を含む有理数体 $\mathbb{Q}$．
- 合同式による同値類をまとめた剰余環，特に $\mathbb{Z}$ から $n \in \mathbb{N}$ を法とする剰余環 $\mathbb{Z}/n$ や標数 $p \in \mathbb{P}$ の有限素体 $\mathbb{Z}/p$．
- 行列の定める加群，特に $A \in \mathbb{Z}^{m \times n}$ から格子 $\operatorname{Ker} A$, $\operatorname{Im} A$．
- 多項式環，特に $\mathbb{Z}, \mathbb{Q}$ から $\mathbb{Z}[X], \mathbb{Q}[X]$ や $\mathbb{Z}/p$ から $(\mathbb{Z}/p)[X]$．

では，体 F 上の多項式環 $R := F[X]$，特に $(\mathbb{Z}/p)[X]$, $\mathbb{Q}[X]$，も単位可換環 (整域, UFD, 除法定理成立) なので，そこから始めるとどうだろうか：

- 更に整域 R の商体を考えれば，**有理関数体** $F(X)$ が得られる．
- また R の剰余環は，定理 3.2.2 PDT から，異る素元の冪による剰余環の直和 (定理 2.2.3 CPMRT 参照) である．
- そして $f \in R \setminus \{0\}$ なら，剰余環 R/f では $\deg f$ 次以下の多項式演算なので，計算量は §3.2.1 の評価で良い．

特に $f \in R$ が既約なら $K := R/f$ は体で $x := X \bmod f \in K$ が f の根である．また K は x と F を含む最小の体つまり x の F 係数有理式全体 $F(x)$ で，かつ x の F 係数多項式全体 $F[x]$ である．更に K は $k := [K : F] := \deg f$

次元 F 線型空間で基底 $1, x, \ldots, x^{k-1}$ を持ち, 体 F 上 **次数 k** (あるいは **k 次**) の**代数拡大**と呼ばれる. そして f は x もしくは K の**定義多項式**, もし $\operatorname{lc} f = 1$ なら**最小多項式**, と呼ばれる. 大切な三事例を挙げる:

例 3.3.1. もし $p \in \mathbb{P}$, $F = \mathbb{Z}/p$, ならば, 次に扱う**有限体** K が得られる.

例 3.3.2. もし $F = \mathbb{Q}$ ならば, 本書では扱わないが, 代数的数論の主舞台となる k 次の**数体** (**代数的数体**, **代数体**) K が得られる.

例 3.3.3. もし有理関数体 $F = \mathbb{Q}(Y)$ ならば, 後に登場する楕円曲線や超楕円曲線等の, **代数曲線**の関数体である**代数関数体** K が得られる.

この様に, 実際の計算は多項式環に於ける演算が本質的である. どんどん変数を増やして多変数多項式環にすれば, いくらでも豊富な代数的構造が構成できるが, その本質的な考え方は変らない.

3.3.2 通常の定義多項式

さて, ここで有限体の基本的な性質を証明なしで復習しておこう. 本項に関しては [Kob94, §II.1] が良い:

- 各 $p \in \mathbb{P}$, $k \in \mathbb{N}$ に対して, 同型を除いて唯一つ要素の個数 $q := p^k$ の体が定まり, それは $\mathbb{F}_q$ と書かれ有限素体 $\mathbb{F}_p = \mathbb{Z}/p$ 上の k 次代数拡大で, 標数 $\operatorname{ch} \mathbb{F}_q = p$ となる.
- 更に $\mathbb{F}_q$ は $\mathbb{F}_p$ 上の分離的正規拡大 (ガロワ拡大) で, 写像 $\mathbb{F}_q \ni z \mapsto z^p \in \mathbb{F}_q$ が生成する位数 k の巡回群を自己同型群に持つ.
- そして $\mathbb{F}_p$ の代数閉包 K の中で $\mathbb{F}_q = \{ z \in K \mid z^q = z \}$ で与えられ, 乗法群 $\mathbb{F}_q^{\times} = \mathbb{F}_q \setminus \{0\}$ は**原始元**あるいは**原始根**と呼ばれる元 $x \in \mathbb{F}_q^{\times}$ が生成する巡回群 $\mathbb{F}_q^{\times} = \langle x \rangle$ である. 特に $\mathbb{F}_q = \mathbb{F}_p(x) = \mathbb{F}_p[x]$ で x の定義多項式や最小多項式を**原始多項式**という.

この様な $\mathbb{F}_q$ は, どうやって実現すべきであろうか? 先ず $k=1$ なら $\mathbb{F}_p = \mathbb{Z}/p$ である. 法 p の原始根の算法 2.2.3 PRP で原始元は求められ, その計算量は, 最初に $p-1$ の 素因数分解 PF に時間がかかる が, それさえ済めば後の (4.9) の様に評価される. 次に $k > 1$ なら, 例 3.3.1 の様に, 勝手に既約な

$f \in \mathbb{F}_p[X]$, $\deg f = k$, を取り $\mathbb{F}_q := \mathbb{F}_p[X]/f$ とするのが良い. (ただし, もし $f = g \bmod p$, $g \in \mathbb{Z}[X]$ なら $\mathbb{F}_q = (\mathbb{Z}/p)[X]/f = \mathbb{Z}[X]/(p, g) = (\mathbb{Z}[X]/g)/p$ だが, この三種類の表現方法いずれを用いるか実装上は大きな問題である.) そして f の既約性は以下により判定できる:

命題 3.3.1 (有限素体上の既約性判定). 仮定と記号は上の通りとすると,

$$f \text{ が既約} \iff \gcd\left(f, X^{p^i} - X\right) \sim 1 \ (i \in \mathbb{Z}, \lfloor k/4 \rfloor < i \leq \lfloor k/2 \rfloor).$$

これは $\mathbb{F}_p[X]$ に於る GCD 計算で高速だが f の選び方に問題が二つ残る. 一方で, 計算効率から考えれば f の係数が沢山 0 である疎な多項式が望ましい. その一方で, 乗法群の利用を考えれば原始元が f の根である原始多項式が望ましい. 両立できるのが一番だが, さほど簡単には解決できない. 中でも原始多項式の発見は少々手間である.

3.3.3 有限体の原始多項式

前 §3.3.2 と同じ記号で, 原始多項式 f の求め方を二つ紹介する. 一つは $X^{q-1} - 1$ の因数分解を利用し, 今一つは原始元を直接計算する.

円分多項式 原始元は 1 の冪根だから, それを零点に持つ多項式について復習する. 勝手な代数閉体 K と $n \in \mathbb{N}$ に対して 1 の n 乗根全体のなす乗法群 $M_n := \{z \in F \mid z^n = 1\}$ が位数 n の巡回群となる必要十分条件は標数 $\operatorname{ch} K \nmid n$ であることが知られている. このとき, その生成元 $z_n \in M_n$, $M_n = \langle z_n \rangle$, 即ち n 乗して初めて 1 となる元 z_n を 1 の**原始 n 乗根**という. また, 全ての原始 n 乗根 $z_n{}^i$ ($i \in (\mathbb{Z}/n)^\times$) を根とする主係数 1 の多項式 Φ_n を **n 分多項式** (一般的には**円分多項式**) という:

$$\Phi_n := \prod_{i \in (\mathbb{Z}/n)^\times} \left(X - z_n{}^i\right), \qquad \deg \Phi_n = \varphi(n).$$

ここで φ は (2.7) 参照. また $X^n - 1$ は, その零点全体が M_n であり, 分解

$$X^n - 1 = \prod_{\substack{d \in \mathbb{N} \\ d \mid n}} \Phi_d, \qquad \Phi_n = \prod_{\substack{d \in \mathbb{N} \\ d \mid n}} \left(X^{n/d} - 1\right)^{\mu(d)} \tag{3.29}$$

を持つ．これについては公式 (2.12), (2.13) も参照してほしい．もし $\mathrm{ch}\, K = 0$ なら Φ_n は $\mathbb{Z}$ 係数既約で $X^n - 1$ の PPF が判る．しかし $\mathrm{ch}\, K = p \in \mathbb{P}$ なら Φ_n は $\mathbb{F}_p = \mathbb{Z}/p$ 係数だが既約と限らない．そこで $p \bmod n$ が $(\mathbb{Z}/n)^\times$ で位数 j とすると，どの Φ_n の素因子も j 次で，以下の $\mathbb{F}_p[X]$ での PPF

$$\Phi_n = \prod_{h \in J} h, \quad J := \{h \in \mathbb{F}_p[X] \mid h \mid \Phi_n, \mathrm{lc}\, h = 1, \deg h = j\}. \quad (3.30)$$

が判る．このとき $\mathbb{F}_p[X]/h = \mathbb{F}_{p^j}$ $(h \in J)$ である．

さて $q = p^k$ のときに $\mathbb{F}_q$ の原始多項式を求めよう．先ず $n := q-1$ に対して，公式 (3.29) で Φ_n を計算する．これは $d \mid n$ を使い，やはり n の <u>PF が必要</u>である．次に $p \bmod n$ は明かに $(\mathbb{Z}/n)^\times$ で位数 k だから，ここで Φ_n の PPF (3.30) をすれば，どの $f \in J$ も原始多項式となる．この計算は 83 頁にある平方自由多項式 PPF 計算である．

原始元の計算　こちらは単純である．先ず命題 3.3.1 より k 次既約多項式 $g \in \mathbb{F}_p[X]$ を求め $\mathbb{F}_q := \mathbb{F}_p[X]/g$ とする．その後で適当な $z \in \mathbb{F}_q^\times$ を選び，算法 2.2.3 PRP と同様に $z^{(q-1)/r} \neq 1$ $(r \in \mathbb{P}, r \mid q-1)$ を確めれば z が原始元となる．これも $q-1$ の <u>PF が必要</u>である．更に $x := X \bmod g$, $A := (1, x, \ldots, x^{k-1})$ から z の特性行列 $M \in \mathbb{F}_p^{k \times k}$, $zA = AM$ を求めれば z の特性多項式 $f := \det(X \cdot 1_k - M)$ が原始多項式となる．しかし，例えば [Kob94, Exercise II.1.14] の様に，上手な z の選び方は結構大変である．

例 3.3.4. 今 $p = 2$, $k = 4$, $q = p^k = 16$ のとき，二通りに $\mathbb{F}_q = \mathbb{F}_{16}$ の原始多項式 $f \in \mathbb{F}_p[X] = \mathbb{F}_2[X]$ を求めてみよう．最初に PF $q - 1 = 15 = 3 \cdot 5$ をする．第一の方法では，分解公式 (3.29), (3.30) により $\mathbb{F}_2[X]$ で

$$\Phi_{q-1} = \Phi_{15} = \frac{(X^{15} - 1)(X - 1)}{(X^3 - 1)(X^5 - 1)} = (X^4 + X + 1)(X^4 + X^3 + 1)$$

を計算すれば，原始多項式 $f \in \{X^4 + X + 1, X^4 + X^3 + 1\}$ が判る．第二の方法では，先ず命題 3.3.1 により $g := X^4 + X^3 + X^2 + X + 1$ は $\lfloor 4/4 \rfloor = 1$, $\lfloor 4/2 \rfloor = 2$ で $\gcd(g, X^4 - X) \sim 1$ だから $\mathbb{F}_2[X]$ で既約となり $\mathbb{F}_{16} = \mathbb{F}_2[x]$, $x := X \bmod g$ とできる．しかも $z := x + 1 \in \mathbb{F}_{16}^\times$ は

$z^3 \neq 1$, $z^5 \neq 1$ だから原始元である．更に，上の特性行列 M は

$$z\left(1,\, x,\, x^2,\, x^3\right) = \left(1,\, x,\, x^2,\, x^3\right) M, \qquad M := \begin{pmatrix} 1 & 0 & 0 & 1 \\ 1 & 1 & 0 & 1 \\ 0 & 1 & 1 & 1 \\ 0 & 0 & 1 & 0 \end{pmatrix}$$

と計算されるので，特性多項式として原始多項式 $f = \det\left(X \cdot 1_k - M\right) = X^4 + X^3 + 1$ が判る．

3.3.4 大域的な構成と局所化

有限体を構成する前述の方法では，いずれも $\mathbb{F}_q$ に格別の数論的な特徴付けはない様に見える．そこで，数体の**整数環**の**素イデアル**による**剰余環**の言葉では，どの様な形で $\mathbb{F}_q$ に一つの解釈が与えられるか考察しておくことにしよう．数体の数論に関する基本的な内容については [Tak71a, Ish74, Fuj75, Coh93] 等の標準的な教科書を見てほしい．引続き $p \in \mathbb{P}, k \in \mathbb{N}, q = p^k$ とする．

先ず $f \in \mathbb{Z}[X]$, $\deg f = k$, $\mathrm{lc}\, f = 1$, が $\mathbb{Z}/p = \mathbb{F}_p$ 係数多項式として既約なら，もちろん $\mathbb{Z}$ 係数でも既約である．そこで，数体 $F := \mathbb{Q}[X]/f = \mathbb{Q}(x)$, $x := X \bmod f$, $[F : \mathbb{Q}] = k$, が考えられ，その整数環 $\mathbb{Z}_F$ の中に**整環** $\mathbb{Z}[x]$ が含まれている．しかも，判別式 $D(f) \not\equiv 0 \pmod{p}$ だから $p \nmid (\mathbb{Z}_F : \mathbb{Z}[x])$ である [Coh93, Proposition 4.4.4]．故に $p\mathbb{Z}_F$ は F の (非零) 素イデアルで $\mathbb{Z}_F/p = \mathbb{F}_p[X]/f = \mathbb{F}_q$ となる [Coh93, Theorem 4.8.13]．したがって，逆に k 次の数体 F を先に与え，そこで $p\mathbb{Z}_F$ が素イデアルとなる $p \in \mathbb{P}$ が何らかの方法で判れば，そのとき $\mathbb{F}_q := \mathbb{Z}_F/p$ とできる．例えば，虚二次体 $F = \mathbb{Q}\left(\sqrt{-1}\right)$ を与えれば $\mathbb{Z}\left[\sqrt{-1}\right]/p = \mathbb{F}_{p^2}$ $(p \in \mathbb{P}, p \equiv 3 \pmod{4})$ である．つまり，大域的に F を構成して，その後で各 p に局所化することができる訳である．

円分多項式についても考えてみよう．今 $p \nmid n \in \mathbb{N}$ とすると，分解 (3.30) は，**円分体** $F := \mathbb{Q}(z_n)$ に於る素数 p の**素イデアル分解**

$$p\mathbb{Z}_F = \prod_{h \in J} \mathfrak{p}_h, \qquad \mathfrak{p}_h := p\mathbb{Z}_F + h(z_n)\mathbb{Z}_F \ (h \in J)$$

に対応している．円分体に於ては $\mathbb{Z}_F = \mathbb{Z}[z_n]$ なので，問題なく $\mathbb{F}_{p^j} =$

$\mathbb{F}_p[X]/h = \mathbb{Z}_F/\mathfrak{p}_h$ ($h \in J$) とできる. こうして一つの円分多項式 Φ_n から一斉に多数の有限体が構成される. 特に $n = q - 1$ なら原始元 z_n も得られるが, 一般には駄目である. 例えば, もし $n = 15$ を考えれば

$$\Phi_{15} = X^8 - X^7 + X^5 - X^4 + X^3 - X + 1$$

で, このとき $\Phi_{15} \bmod p$ ($p \in \mathbb{P}$, $p \equiv \pm 2, \pm 7 \pmod{15}$) は二つの既約な 4 次因子の積に分解し, そのどちらも $\mathbb{F}_{p^4}$ の定義多項式として取れる. しかし, 例 3.3.4 の $p = 2$ の場合を除くと, これらは原始多項式にならない.

研究課題 一般には有限の対象に於て意味を持つ暗号や符号を, 形式的に円分体等の数体という無限の対象に対して大域的構成をして, それを剰余環に局所化したらどうなるかという問題は, 極めて興味深い.

第4章

素 数 判 定

いよいよ数論アルゴリズムの重要問題について検討を開始する．最初に，与えられた $\mathbb{Z}_{>1}$ の数が，その中で二つの数の積に分解する合成数なのか，それとも分解しない素数なのか判定する問題を考えよう．本章の参考文献は多いが，例えば [CP01, Nak04, Nak08] や [Kob94, Coh93, KFM95] がある．

4.1 COMPOSITES, PRIMES と P, ZPP

4.1.1 問題の意味

与えられた $n \in \mathbb{Z}_{>1}$ が合成数かどうか判定する問題を**合成数判定 COMPOSITES** という．与えられた $n \in \mathbb{Z}_{>1}$ が素数かどうか判定する問題を**素数判定 PRIMES** という．偶数や小さな数は興味がないので，これからは主に次の場合を考える:

$$n \text{ は大きい奇数}.$$

両者は本質的に同じだが，それを解くアルゴリズムは少し違う扱いがされる．先ず**合成数判定法**は**擬素数テスト**とも呼ばれ，出力が「入力 n は合成数と正しく判定する」又は「入力 n は合成数と判定できない (ので素数の可能性が高い)」というアルゴリズムも含む．また**素数判定法**は，出力が「入力 n は素数と正しく判定する」又は「入力 n は素数と判定できない (ので合成数の可能性が高い)」というアルゴリズムも含む．これ等のアルゴリズムは COMPOSITES や PRIMES の部分的な解答を与えている．

では PRIMES, 同じことだが COMPOSITES, に完全な解答を与えるアルゴリズムが存在するのだろうか．それは (1.4) により，実際に有限回の除算をする素朴な方法で与えられる．しかし，これでは計算量が n のサイズの**指数時間**となってしまう．問題は，計算量が n のサイズの**多項式時間**で完全な解答を与えるアルゴリズムが存在するかどうかということである．部分的な解答であれば PRIMES にも COMPOSITES にも，その様なアルゴリズムは存在した．それで実用的には十分であるので長期にわたり決定的な研究の進展がなかった．最終的解決を与えたのは，インドの三研究者が 2002 年 8 月 6 日に公表した衝撃的論文 [AKS02] で，これを今後**円分合同式テスト** (**Cyclotomic Congruence Test**) **CCT** と呼ぼう．

これらを，少しばかり詳しく見てみることにしよう．正確には，例えば PRIMES のアルゴリズムが [KM95], [CP01, Chapters 3–4] に，計算量の話が [Nis02], [Kob98, Chapter 2] に，応用としての暗号系の解説が [OO95, KFM95], [Kob94, Chapter IV] にあるので，それらを参照してほしい．

4.1.2　素数判定と整数分解問題

無限個の素数の存在は，古代ギリシャ時代の Euclid 原論にあり，現在では定理 2.1.3 PNT と精密化される．自然数の一意的素因数分解可能性の定理 1.2.2 PF も Euclid 原論にある．与えられた $n \in \mathbb{Z}_{>1}$ に対して，

- 素数を沢山生成するために n が素数か合成数か判定することと，
- 合成数 n の場合に二つの $\mathbb{Z}_{>1}$ の数の積に分解することは，

数論の出発点となる古典的な根本問題である．前者は上述した PRIMES (あるいは COMPOSITES) であり，後者は**整数分解問題** (**Integer Factoring Problem**) **IFP** と呼ばれる．

これらは一見簡単そうな問題であるが，実際に "計算" する視点で見直すと結構大変である．今 155 桁の

$$n = 1094173864157052742180970732204035761200373294544920599\\0913842131476349984288934784717997257891267332497625752\\8997818337970765372440271467435315933543338 97$$

について考える．最も素朴な方法は，合成数の条件 (1.4) に基いて，小さい方から奇数 $3, 5, 7, 9, \ldots, \lfloor\sqrt{n}\rfloor \fallingdotseq 3.3 \times 10^{77}$ で順に n が割切れるかどうか見ていく**試し割算**で，割算を約 1.65×10^{77} 回する．しかしながら，過去世界中に存在した「全」コンピュータが 2000 年迄に実行した「総」演算回数は一モル (6×10^{23}) 程度 [CP01, p. 4] といわれており，これを総動員しても試し割算では n に対する PRIMES や IFP は解けない．それはおろか 50 桁程度の自然数に対してすら，試し割算では全然有効に働かない．今日では歴史上の全コンピュータの総演算回数は，数モルか数十モルになっているかもしれないが，それでも焼け石に水である．ところが，この n は現実には 1999 年 8 月に 78 桁の因数 $p, q \in \mathbb{Z}_{>1}$ の積に $n = p \times q$ と分解され，また因数は素数 $p, q \in \mathbb{P}$ であることも確認された [Cab99]．これには §5.3.4 に解説してある**数体篩** (**Number Field Sieve**) **NFS** という方法が用いられた．

二つの問題のうち IFP は，後に第 5 章で見る様に，未だ非常に困難な問題である．他方 PRIMES は，それより比較的容易で，これら 78 桁の p, q が素数であることは，手計算では無理であろうが，現在では例えば [Nak03, §1] に紹介されているソフトを使えば誰にでも判る．それでは，その計算に実際どの程度の時間がかかり，それらのソフトはどの様に PRIMES を解いているのだろうか？

4.1.3 計算量

試し割算により PRIMES を解く方法では，割算が最大 $\lfloor (n^{1/2} - 1)/2 \rfloor$ 回必要となる．例えば $n = 200212211123$ なら 223724 回の割算で，ようやく n が素数と判る．この回数は n が大きくなると $n^{1/2}$ に比例して増加する．通常 n 以下の整数の除算計算量は定理 1.3.2 から $O(\lg^2 n)$ BC で，注意 1.3.2 の既知最速算法 [Nak96, §2.1], [CP01, Chapter 9] を用いれば $O(\lg n \lg \lg n \lg \lg \lg n) = \tilde{O}(\lg n)$ BC である．これらによると，試し割算による PRIMES の入力 n に対する BC は

$$O\left(n^{1/2} \lg n \lg \lg n \lg \lg \lg n\right) = O\left(n^{1/2} \lg^2 n\right) = \tilde{O}\left(n^{1/2}\right) \quad (4.1)$$

となる．事前に素数表 $\mathbb{P}_{\leq n^{1/2}}$ があれば素数だけの試し割算で済むが，定理 2.1.3 PNT により $\#\mathbb{P}_{\leq n^{1/2}} \sim 2n^{1/2}/\lg n$ だから，それでも BC は

$$O\left(n^{1/2}\lg\lg n\lg\lg\lg n\right) = O\left(n^{1/2}\lg n\right) = \tilde{O}\left(n^{1/2}\right) \tag{4.2}$$

である.また素数表作成の手間も馬鹿にならない.

これとは別に,割算せずに合成数篩の算法 2.1.3 CS で,素数表を $\mathbb{P}_{\leq n^{1/2}}$ ではなく $\mathbb{P}_{\leq n}$ 迄作成して,直接 n の PRIMES を確認できる.しかしながら,その場合の計算量は,更に大きく (2.1) BC で評価される.また,これによる巨大な素数表作成には,時間だけでなく表を格納する領域も通常沢山必要で,殆ど現実的とは言い難い.

この様に当り前の手段では PRIMES は大変な問題であるが,それを克服できる巧妙な各種手法の効率をみるために,計算量により問題の困難性を評価して分類しておく必要がある.

4.1.4　決定性多項式時間

PRIMES の判定対象となる **n のサイズ** は,それが与えられた (入力された) ときの形で考えた大きさで定義する.この問題では n が,例えば素数の積の形で入力されては無意味である.それは n を十進数等で表した数字列で入力されるのが普通である.この n のサイズは絶対値 n ではない.それは入力数字列の長さ即ち**桁数**で,十進数なら (1.5) から $\lfloor \log_{10} n \rfloor + 1$ 桁,二進数なら (1.6) から $\lfloor \lg n \rfloor + 1$ ビットである.例えば,十進数 1000000000 と 9999999999 とは絶対値が違うけれども,等しいサイズ 10 桁である.

アルゴリズムの効率を評価する指標としては,第 2 章で述べてきた様に入力サイズの増大に応じて,その計算量が如何に変化・増大するかが採用される.アルゴリズムの善し悪しは計算量増大度の多寡により判断される.いくら $\varepsilon \in \mathbb{R}_{>0}$ が小さくても $n^{\varepsilon} = (2^{\varepsilon})^{\lg n}$ は n のサイズ $\lg n$ の指数関数であり,とても急速に増大する.いくら $\kappa \in \mathbb{R}_{>0}$ が大きくても $\lg^{\kappa} n = (\lg n)^{\kappa}$ は n のサイズ $\lg n$ の多項式であり,より緩かに増大する.試し割算の (4.1) や合成数篩の (2.1) の様に,計算量が n のサイズの指数関数で増えるものは,**指数時間**アルゴリズムと呼ばれ高速でないとされる.これに対して,計算量が n のサイズの (或 κ 次) 多項式で $O(\lg^{\kappa} n)$ と評価されるものは,**多項式時間**アルゴリズムと呼ばれ現実的速度であるとされる.

問題の困難性を評価する指標としては，それを解く効率良いアルゴリズムが存在するかどうかが採用される．そして，解答を (完全に) 与える確定的計算方法 (即ち**決定性アルゴリズム**) で多項式時間のものが存在する問題を，**決定性多項式時間**とか**確定的多項式時間** (deterministic Polynomial time) P の問題と呼ぶ．(これを <u>決定的多項式時間</u> と訳す文献も散見するが全く意味が違い正しくない．) その様な問題のクラスも P で表し，対応するアルゴリズムは P であるといい，実際に計算できる手の届く範囲のものとして扱われる．

本章冒頭に述べた CCT は「PRIMES $\in$ P」を，具体的アルゴリズムを与えて示した．この重要な理論的結果も，そのアルゴリズムの実用上の影響は未だ殆ど無い．他方で，ここに到る迄の流れに関しては今でも実用上重要なので，次に解説しておく．

4.1.5 確率的多項式時間

PRIMES には乱数を用いた計算法 (即ち**確率的アルゴリズム**) で，もし $n \in \mathbb{P}$ と判定すれば答が必ず正しく，その判定ができなければ $n \in \mathbb{P}$ の確率は $1/2$ より小さく，計算量は多項式時間のものが知られていた．それは種数 2 の超楕円曲線を用いるアルゴリズム [AH92] である．これを何回か繰返して $n \in \mathbb{P}$ と判定できなければ $n \notin \mathbb{P}$ の可能性が非常に高い．この様な確率的アルゴリズムがある問題や，そのクラスを**確率的多項式時間** (Randomized Polynomial time) **RP** で表す．即ち「PRIMES $\in$ RP」である．なおこの流れに沿うアルゴリズムとして，多項式時間かどうか知られてないが，実用上良いとされるのは**楕円曲線素数証明** (Elliptic Curve Primality Proving) **ECPP** [AM93] が一般的で §4.4 で紹介する．

その前に PRIMES に**擬素数テスト** (Pseudo Primality Test) **PsPT** がある．それは確率的アルゴリズムで，もし $n \notin \mathbb{P}$ と判定すれば答が必ず正しく，その判定ができなければ $n \notin \mathbb{P}$ の確率は $1/2$ より小さく，計算量は多項式時間のものが知られていた．この様な確率的アルゴリズムがある問題を **coRP** で表すと「PRIMES $\in$ coRP」である．これらは PRIMES と対称的に COMPOSITES の確率的アルゴリズムで「COMPOSITES $\in$ RP」と言い替えて良い．中でも実用上一番良いされるのは §4.2.3 の**強擬素数テスト** (**Strong**

Pseudo-Primality Test) **SPsPT** [Mil76, Rab80], [CP01, §3.4] で, 後に紹介する.

したがって素数判定には, 必ず正しい答を返す確率的アルゴリズムで, 計算量の期待値が多項式時間のものがある. 即ち「PRIMES $\in$ ZPP := RP $\cap$ coRP」である. つまり確率的には「PRIMES $\in$ P」は予知できていた.

これらを補強する事実もあった. 先ず SPsPT は (2.18) の直前で触れた **EZH** の下で決定性多項式時間となる. また §4.2.2 で説明する**平方剰余規準テスト (Quadratic Residuosity Criterion Test) QRCT** も「PRIMES $\in$ coRP」を示し EZH の下で決定性多項式時間である [BS96, §9.5]. 更に, **指標和**というものを使う PRIMES 決定性アルゴリズムも存在しており, 極めて多項式時間に近い計算量 $\ln^{O(\ln\ln\ln n)} n$ である [APS83, CL84].

要するに「PRIMES $\in$ P」は期待されていたし, それは EZH の下では成立していた. だが本章冒頭の CCT が我々を愕然とさせたのは, その初等性である. それは定理 2.2.2 のちょっとした一般化しか用いていない!

4.2 確率的 COMPOSITES 判定の各種テスト

勝手な n が素数の確率は定理 2.1.3 PNT より大体 $1/\ln n$ だから, 合成数の可能性がずっと高いので, 先ず COMPOSITES 判定をするのが普通である. ここでは PsPT によって $n \notin \mathbb{P}$ となるものを取り除く方法をいくつか紹介する. それらは $n \in \mathbb{P}$ の必要条件で計算しやすいものを利用する. 本節に関しては [Kob94, §V.1], [CP01, §§3.3–4] に詳しい.

4.2.1 絶対擬素数テスト

最も簡単なのは定理 2.2.2 の (2.8) を利用する方法である. 必要条件を再掲すると, もし $n \in \mathbb{P}$ ならば, 任意の $b \in (\mathbb{Z}/n)^\times$ に対して

$$b^{n-1} \equiv 1 \pmod{n}. \tag{2.8}$$

これを充さない b が存在すれば $n \notin \mathbb{P}$ と判定できる. しかしながら, どんな $b \in (\mathbb{Z}/n)^\times$ に対しても (2.8) を充す $n \notin \mathbb{P}$ があり, それを**絶対擬素数**

(**Absolute Pseudo-Prime**) **APsP** という. 精密化して**絶対擬素数テスト**
(**Absolute Pseudo-Primality Test**) **APsPT** を得る:

算法 4.2.1 (APsPT). (Fermat) 最大公約数 GCD は互除法 SD で得る.
入力 奇数 $n \in 1 + 2\mathbb{N}$ および反復回数 $k \in \mathbb{N}$.
出力 判定「$n \notin \mathbb{P}$」あるいは主張「n は APsP か確率 $1 - 2^{-k}$ 以上で $n \in \mathbb{P}$」.
手順 (i) 以下を k 回反復:
    (a) ランダムに $b \in \mathbb{Z}_{>1, <n-1}$ を選ぶ.
    (b) もし $\gcd(b, n) > 1$ なら「$n \notin \mathbb{P}$」と判定して終了.
    (c) もし (2.8) が不成立なら「$n \notin \mathbb{P}$」と判定して終了.
  (ii) 「n は APsP か確率 $1 - 2^{-k}$ 以上で $n \in \mathbb{P}$」と主張して終了.

<u>APsP でない</u> $n \notin \mathbb{P}$ に対し (2.8) を充す b 全体は $(\mathbb{Z}/n)^\times$ の <u>真</u> 部分群だから, 手順 (ii) で $n \in \mathbb{P}$ の確率が $1 - 2^{-k}$ 以上である.

定理 1.4.1 と注意 1.3.2 から, 各 b に対する (2.8) の計算量は

$$O\left(\lg^2 n \lg \lg n \lg \lg \lg n\right) = \tilde{O}\left(\lg^2 n\right) \tag{4.3}$$

で悪くなく, また SD による GCD の計算量は注意 2.1.2 から更に少ないが, 入力 n が APsP の時は無効という最大の欠陥があり, しかも

定理 4.2.1 (APsP). [AGP94] 無限に多くの APsP が存在する.

したがって, 算法 4.2.1 APsPT は「COMPOSITES $\in$ RP」すら保証しない. そこで, この欠陥を埋めてくれるアルゴリズムを次に述べよう.

4.2.2 平方剰余規準テスト

命題 2.3.1 の QRC から, もし $n \in \mathbb{P}, b \in \mathbb{Z}$ ならば

$$b^{(n-1)/2} \equiv \left(\frac{b}{n}\right) \pmod{n}. \tag{4.4}$$

これを充さない b が存在すれば $n \notin \mathbb{P}$ と判定できる. そこで (Euler) **平方剰余規準テスト** (**Quadratic Residuosity Criterion Test**) **QRCT** を得る:

算法 4.2.2 (QRCT). 拡張平方剰余記号 XQRS 計算は XQRL による.

入力 奇数 $n \in 1+2\mathbb{N}$ および反復回数 $k \in \mathbb{N}$.
出力 判定「$n \notin \mathbb{P}$」あるいは主張「確率 $1-2^{-k}$ 以上で $n \in \mathbb{P}$」.
手順 (i) 以下を k 回反復:
  (a) ランダムに $b \in \mathbb{Z}_{>1,<n-1}$ を選ぶ.
  (b) もし $\gcd(b,n) > 1$ なら「$n \notin \mathbb{P}$」と判定して終了.
  (c) もし (4.4) が不成立なら「$n \notin \mathbb{P}$」と判定して終了.
 (ii) 「確率 $1-2^{-k}$ 以上で $n \in \mathbb{P}$」と主張して終了.

どんな $n \notin \mathbb{P}$ に対しても (4.4) を充す b 全体は $(\mathbb{Z}/n)^\times$ の<u>真</u>部分群となり, 手順 (ii) で $n \in \mathbb{P}$ の確率が $1-2^{-k}$ 以上である.

算法 4.2.2 QRCT の計算量は, 拡張平方剰余記号 XQRS 計算については注意 2.3.3 の様に高速に実行できるので, 各 b に対して (4.3) の通りで, これで「COMPOSITES $\in$ RP」が目出たく判る. しかも EZH の下では前述した様に「PRIMES $\in$ P」も保証してくれている. これでも十分に実用に耐える程度効率的であるが, 更に現在最高速で簡単な COMPOSITES アルゴリズムがあるので, それを最後に紹介する.

4.2.3 強擬素数テスト

これ迄に紹介した二つの COMPOSITES のアルゴリズム APsPT と QRCT はいずれも定理 2.2.4 ModPPw によって, もし $n \in \mathbb{P}$ なら既約剰余類群 $(\mathbb{Z}/n)^\times$ が位数 $n-1$ の巡回群となる事実の一部を利用している. 故に, もし仮に $n-1$ の PF (定理 1.2.2 参照) が既知なら, この事実を徹底的に利用できる. それについては §4.3.1 で触れるが, 一番の問題は一般に困難な $n-1$ の PF である. しかしながら n が奇数であることを思い出せば, 偶数 $n-1$ の 2 指数 $e := e(2)$ は簡単に計算ができるので,

$$m, e \in \mathbb{N}, \qquad n-1 = m2^e, \ 2 \nmid m$$

とする. ここで, もし $n \in \mathbb{P}$ ならば, 巡回群 $(\mathbb{Z}/n)^\times$ の位数 2 の元は -1 唯一つだから, 任意の $b \in (\mathbb{Z}/n)^\times$ に対して n を法とする合同式

$$b^m \equiv \pm 1 \text{ 又は } (b^m)^2 \equiv -1 \text{ 又は } \cdots \text{ 又は } (b^m)^{2^{e-1}} \equiv -1 \quad (4.5)$$

のうちでいずれか一つが成立する筈である.いずれも充さない b が存在すれば $n \notin \mathbb{P}$ と判定できる.そこで **強擬素数テスト (Strong Pseudo-Primality Test) SPsPT** を得る:

算法 4.2.3 (SPsPT). 記号は上の通りとする.

入力 奇数 $n \in 1 + 2\mathbb{N}$ および反復回数 $k \in \mathbb{N}$.

出力 判定「$n \notin \mathbb{P}$」あるいは主張「確率 $1 - 4^{-k}$ 以上で $n \in \mathbb{P}$」.

手順 (i) 初期化 e, m を計算.

(ii) 以下を k 回反復:

(a) ランダムに $b \in \mathbb{Z}_{>1, <n-1}$ を選ぶ.

(b) もし $\gcd(b, n) > 1$ なら「$n \notin \mathbb{P}$」と判定して終了.

(c) もし (4.5) が不成立なら「$n \notin \mathbb{P}$」と判定して終了.

(iii) 「確率 $1 - 4^{-k}$ 以上で $n \in \mathbb{P}$」と主張して終了.

任意の $n \notin \mathbb{P}$ に対し (4.4) を充す $b \in (\mathbb{Z}/n)^\times$ は $(\varphi(n) - 2)/4$ 個以下となることが既知なので,手順 (iii) で $n \in \mathbb{P}$ の確率が $1 - 4^{-k}$ 以上である.

算法 4.2.3 SPsPT も各 b に対する計算量 (4.3) で「COMPOSITES $\in$ RP」を導く.更に $k := \min\left\{n-2, \lfloor 2\ln^2 n \rfloor\right\} - 1$ として,手順 (ii–a) を

『順次 $b \leftarrow 2, \ldots, k+1$ とする.』

に変更すれば,これは EZH の下では (iii) の出力を

『「$n \in \mathbb{P}$」と判定して終了.』

とできることが証明されている [CP01, Theorem 3.4.12],即ち決定性アルゴリズムとなる.この反復回数 $k = O\left(\lg^2 n\right)$ だから計算量は

$$O\left(\lg^4 n \lg \lg n \lg \lg \lg n\right) = \tilde{O}\left(\lg^4 n\right) \tag{4.6}$$

と評価され,したがって EZH の下で「PRIMES $\in$ P」も保証している.本章冒頭の無条件で「PRIMES $\in$ P」を示した決定性アルゴリズム CCT が,理論的には重要だが,これ迄のところ実用的には大勢を覆していない理由は,この強擬素数テスト SPsPT という,実用的見地からみれば高速で役立つ確率的アルゴリズムで,信頼性が十分に高いものがあるからである.

4.3　決定性多項式時間 PRIMES 判定 CCT

与えられた n には,先ず §4.2 の各種 PsPT が適用され,そこで $n \in \mathbb{P}$ の可能性が非常に高いとされたものが残る.それらは素数としても実用上十分な場合が多いが,それでも素数と確実に保証してほしいときもある.そこで PRIMES の決定性アルゴリズムをまとめる.これらは $n \in \mathbb{P}$ の必要十分条件を利用する.本節は [CP01, Chapter 4] に詳しい.

4.3.1　従来の代表的方法
a. 試 し 割 算

同値性 (1.4) を利用する.何といっても簡単なアルゴリズムで確実に判定「$n \in \mathbb{P}$」をし,小さい n に対して有効で捨て難いが,一般には計算量が指数時間 (4.2) であり使い物にならない.

b. 既約剰余類群の利用

定理 2.2.4 ModPPw と (2.11) による同値性

$$n \in \mathbb{P} \iff (\mathbb{Z}/n)^\times \text{ は位数 } n-1 \text{ の巡回群} \tag{4.7}$$

を利用する.それには制限があり,条件を現実に計算可能な形に言い直せなくてはならない.例えば,これから古典的な公式 (Willson-Lagrange)

$$n \in \mathbb{P} \iff (n-1)! \equiv -1 \pmod{n}$$

が従うが,これは階乗計算が指数時間 $\tilde{O}(n)$ BC で話にならない.注目すべきは $n-1$ の素因数全体 $S := \{p \in \mathbb{P} \mid p \mid n-1\}$ が判るときで (4.7) は

$$n \in \mathbb{P} \iff \text{或 } b \in \mathbb{Z} \text{ に対して } b^{n-1} \equiv 1,\ b^{(n-1)/p} \not\equiv 1\ (p \in S) \tag{4.8}$$

という $\bmod n$ での同値性 (Lucas, Édouard, 1876) に言い替えられる.一つの b に対する計算量は (4.3) から

$$O\left(^\sharp S \lg^2 n \lg\lg n \lg\lg\lg n\right) = \tilde{O}\left(^\sharp S \lg^2 n\right) \tag{4.9}$$

4.3 決定性多項式時間 PRIMES 判定 CCT

となる．では，どうやって b を探すかということと，素因数の集合 S を計算することと，二つ問題となる．このうち前者は，既に $n \in \mathbb{P}$ の可能性が高いものが対象だから，本当にそうなら条件を充す b が法 n の原始根 PR で，注意 2.2.5 で述べた様に算法 2.2.3 PRP の手順で早晩成功する．しかしながら後者は第 5 章で見る様に大変である．そこで $n-1$ の部分的 PF ができているときに (4.8) を一般化して **$n-1$ テスト** [CP01, Algorithm 4.1.7] と呼ばれる §4.4.1 で触れる確率的算法が考え出されている．

ここでは S が判る特殊な，通常**フェルマ数**と呼ぶ**二の二羃乗 $+1$**

$$n = F_m := 2^{2^m} + 1 \qquad (m \in \mathbb{N})$$

の場合のみ考える．定理 2.3.2 XQRL の (iii) から

$$\left(\frac{3}{n}\right) = (-1)^{(n-1)(3-1)/4} \left(\frac{n}{3}\right) = \left(\frac{n}{3}\right) = -1$$

で，もし $n \in \mathbb{P}$ なら $b = 3$ は法 n の平方非剰余 QNR なので，必然的に位数 2 羃の巡回群 $(\mathbb{Z}/n)^\times$ の PR で (4.8) の条件を充す．命題 2.3.1 の QRC と併せると

算法 4.3.1. (Pepin, T., 1877) 記号は上の通りとする．
入力 自然数 $m \in \mathbb{N}$．
出力 判定「$F_m \in \mathbb{P}$」あるいは判定「$F_m \notin \mathbb{P}$」．
手順 もし $3^{(F_m-1)/2} \equiv -1 \pmod{F_m}$ なら「$F_m \in \mathbb{P}$」と判定して終了，さもなくば「$F_m \notin \mathbb{P}$」と判定して終了．

c. 有限体の乗法群の利用

もし $n \in \mathbb{P}$ なら有限素体 $\mathbb{F}_n = \mathbb{Z}/n$ の二次拡大体 $\mathbb{F}_{n^2}$ が考えられ，乗法群 $(\mathbb{F}_{n^2})^\times$ は位数 $n^2 - 1 = (n+1)(n-1)$ の巡回群なので，位数が $n+1$ や $n^2 - 1$ の元をもつ．この事実と例 1.1.3 の様な線型回帰数列を組合せて **$n+1$ テスト**，**$n^2 - 1$ テスト**等 [CP01, §4.2] が得られる．更に理論的には**有限体テスト** [CP01, §4.3] という広いアルゴリズムも考えられる．

ここでは $n+1$ の PF が判る特殊な，通常は**メルセンヌ数**と呼ばれている，著名な **二の素数乗 -1**

$$n = M_p := 2^p - 1 \quad (p \in \mathbb{P})$$

についてのみ紹介する．この場合，次の数列

$$u_1 := 4, \qquad u_{i+1} := u_i^2 - 2 \quad (i \in \mathbb{N})$$

を利用して既知最大素数が発見されている．その大部分の結果が使った手法は，簡単な漸化式による数列の合同式を計算する．

算法 4.3.2. (Lucas-Lehmer) 記号は上の通りとする．

入力 奇素数 $p \in \mathbb{P}_{>2}$．

出力 判定「$M_p \in \mathbb{P}$」あるいは判定「$M_p \notin \mathbb{P}$」．

手順 もし $u_{p-1} \equiv 0 \pmod{M_p}$ なら「$M_p \in \mathbb{P}$」と判定して終了，さもなくば「$M_p \notin \mathbb{P}$」と判定して終了．

この算法 4.3.2 によるデータは既に引用した [Cal94] から参照でき，また素人でも特殊な形の素数探索プロジェクトに参加することができる様に，プログラムが広範に配布されているので関心のある読者は参加すると良い．この数の重要性と応用については，最終の §7.4 を参照されたい．そこでは $p, M_p \in \mathbb{P}$ となることを利用した，高性能な擬似乱数生成法が紹介されている．

d. 指標和の利用

指標和を利用する §4.1.5 でも触れた方法の説明には，かなり準備が必要で本書の範囲を超えるので，原論文 [APS83, CL84] や [CP01, §4.4] に譲り省略する．これらは，計算量が多項式時間に極めて近い $\ln^{O(\ln \ln \ln n)} n$ であることが画期的である．なお，そのアルゴリズムは複雑になるので，実装の際に予見できないバグを含む可能性が多いことも警告しておく．

4.3.2 円分合同式テストの着想と戦略

本 §4.3 の締括りに，ある意味で理論的最終結果の CCT を説明する．詳細は [Nak04, Nak08] 等にある．先ず (2.8) を多項式環 $\mathbb{Z}[X]$ に一般化する：

定理 4.3.1 (円分合同式). [AKS02] もし $b \in (\mathbb{Z}/n)^\times$ ならば

$$n \in \mathbb{P} \iff (X+b)^n \equiv X^n + b \pmod{n}.$$

この同値性が最大の着想である．しかし 14 頁の記号で $(X+b)^n$ 計算に指数時間 $\Omega(n)$ 必要なので，より低次多項式の計算で済む戦略を立てる．今 $f, g, h \in \mathbb{Z}[X]$ に対し g, h が $(\mathbb{Z}/n)[X]/f = \mathbb{Z}[X]/(n, f)$ で同じとき $g \equiv h$ $(\mathrm{mod}\ (n, f))$ と書く．もし $n \in \mathbb{P}$ で $r \in \mathbb{N}$ ならば，定理 4.3.1 から

$$(X+b)^n \equiv X^n + b \ (\mathrm{mod}\ (n, X^r - 1)) \tag{4.10}$$

となる．これは十分小さい r なら高速計算できる．具体的には

$$O\left(r \lg r \lg^2 n \lg \lg n \lg \lg \lg n\right) \tag{4.11}$$

BC が (4.10) のテスト一回に必要な計算量である．実際，冪計算は定理 1.4.1 から $O(\lg n)$ 回の多項式乗算で，多項式乗算一回は FRST 算法で (3.21) から $O(r \lg r)$ 回の n を法とする合同式演算で，合同式演算一回は注意 1.3.2 の計算量だから上の評価となる．

4.3.3 計 算 手 順

問題は $n \in \mathbb{P}$ の必要条件 (4.10) を十分条件にもするために，試さなくてはならない r, b の範囲である．先ず $\mathbb{W} := \{a^j \mid a \in \mathbb{N}, j \in \mathbb{Z}_{>1}\}$ とし，入力 n に対して次の様に置く：

$$k := 4\left\lceil \lg^2 n \right\rceil, \quad N := \prod_{i \in \mathbb{N}_{<k}} (n^i - 1), \quad r := \min\{p \in \mathbb{P} \mid p \nmid N\}.$$

算法 4.3.3 (CCT). 記号は上の通りとする．

入力 自然数 $n \in \mathbb{N}$ と上界 $R \in \mathbb{R}_{\geq r}$．

出力 判定「$n \in \mathbb{P}$」あるいは判定「$n \notin \mathbb{P}$」．

手順 (i) 冪検出 $n \in \mathbb{W}$ なら「$n \notin \mathbb{P}$」と判定して終了．

(ii) 素数表 $P \leftarrow \mathbb{P}_{\leq R}$ 作成．

(iii) 以下を $p \leftarrow \min P, P \leftarrow P \setminus \{p\}$ として反復：

    (a) もし $n = p$ なら「$n \in \mathbb{P}$」と判定して終了．

    (b) もし $p \mid n$ なら「$n \notin \mathbb{P}$」と判定して終了．

    (c) もし $p \nmid N$ なら $r \leftarrow p$ として次へ，さもなくば反復．

(iv) もし或 $b \in \mathbb{N}_{\leq r}$ で (4.10) 不成立なら「$n \notin \mathbb{P}$」と判定して終了，

さもなくば「$n \in \mathbb{P}$」と判定して終了.

注意 4.3.1. 入力は任意の $n \in \mathbb{N}$ で良いが, 手順 (iv) に迄到るのは $k < r < n \not\equiv 0 \pmod 2$ のときに限る. 手順 (iii–c) では, 実際に N を求めて p で割るのではなく, 合同式 $n^j \equiv 1 \pmod p$ ($j \in \mathbb{N}_{<k}$) を順次確認する. 素数表 $\mathbb{P}_{\leq R}$ は大きいものを一度求めて, それを何度も再利用すれば良い.

この算法 4.3.3 CCT では r を手順中に求めるが, 事前に上界 $R \geq r$ の入力が必要だから, その具体的評価を与えておかなければならない. そのとき, 注意 4.3.1 により $k < r < n \not\equiv 0 \pmod 2$, したがって $n \geq 263$ と仮定して考えれば良い. ここで

$$M := \mathrm{lcm}\{n^j - 1 \mid j \in \mathbb{N}_{<k}\}$$

とすると $r = \min\{p \in \mathbb{P} \mid p \nmid M\}$ である. これに対して, 次の評価

$$r \leq \lceil \lg M \rceil < 6.5 \lceil \lg^2 n \rceil^{5/2} \qquad (4.12)$$

を証明しよう. 一般に L 以下の全ての素数 $p \in \mathbb{P}$ の積の下からの評価

$$\prod_{p \in \mathbb{P}_{\leq L}} p > 2^L \qquad (L \in \mathbb{Z}_{>677})$$

が, 例えば [RS62, 式 (3.14)] から示される. そこで $L := \lceil \lg M \rceil$ とすれば, 我々の考えている $n \geq 263$ の範囲では

$$L \geq \lceil \lg (n^{k-1} - 1) \rceil \geq 2083 > 677, \qquad \prod_{p \in \mathbb{P}_{\leq L}} p > 2^L \geq M$$

となり, 全ての $p \in \mathbb{P}_{\leq L}$ が M を割切ることはないから, 第一の評価が得られる. また $\ell = \lceil \lg^2 n \rceil$, $m = 4\ell - 1$ とすると M の定義の中の $n^{2s-1} - 1$ ($1 \leq s \leq \lfloor (m+2)/4 \rfloor = \ell$) は不用である. 同様のことは $n^{4s-2} - 1$ ($1 \leq s \leq \lfloor (m+4)/8 \rfloor = \lfloor \ell/2 \rfloor$) 等々に関してもいえる. したがって

$$M < \prod_{s\in\mathbb{N}_{<\ell}} (n^{4s}-1) \prod_{s\in\mathbb{Z}_{>\lfloor\ell/2\rfloor},\,\leq\ell} (n^{4s-2}-1) \prod_{s\in\mathbb{Z}_{>\ell},\,\leq 2\ell} (n^{2s-1}-1)$$
$$< \prod_{s\in\mathbb{N}_{<\ell}} n^{4s} \prod_{s\in\mathbb{Z}_{>\lfloor\ell/2\rfloor},\,\leq\ell} n^{4s-2} \prod_{s\in\mathbb{Z}_{>\ell},\,\leq 2\ell} n^{2s-1}$$
$$= n^{7\ell^2 - 2\lfloor\ell/2\rfloor^2 - 2\ell} < n^{13\ell^2/2}.$$

これから第二の評価が得られる.

4.3.4 計 算 量

算法 4.3.3 CCT の多項式時間**停止性**を証明しよう. 先ず, 冪検出 (i) の計算量は殆ど線型時間 (1.9) となる. それ以降の部分については, いずれ (4.12) を使うが, 取り敢えず $R \geq r$ で評価する. 素数表作成 (ii) の CS による計算量は (2.1) から $O(R \lg R / \lg \lg R)$ となる. 手順 (iii) の主要な部分は r の決定 (iii–c) で, そこでは注意 4.3.1 によれば高々 $k = O(\lg^2 n)$ 回の $p \in \mathbb{P}_{\leq r}$ を法とする合同式演算なので, その計算量は高速乗算法を使えば注意 1.3.2 と定理 2.1.3 PNT から

$$O\left(\sharp\mathbb{P}_{\leq r} \lg r \lg \lg r \lg \lg \lg r \lg^2 n\right) = O\left(r \lg \lg r \lg \lg \lg r \lg^2 n\right)$$

となる. 最後に, 円分合同式 (iv) の部分だが, 各 $b \in \mathbb{N}_{\leq r}$ に対する (4.10) のテストが (4.11) の通りだから, 全部で r 回のテストは計算量

$$O(r^2 \lg r \lg^2 n \lg \lg n \lg \lg \lg n)$$

で評価される. ここで (4.12) により $r \leq R = O\left(\lg^5 n\right)$ とすれば, 上式が最も計算量の大きいところで

定理 4.3.2. [AKS02] 算法 4.3.3 円分合同式テスト CCT の計算量は

$$O\left(\lg^{12} n (\lg \lg n)^2 \lg \lg \lg n\right) = \tilde{O}\left(\lg^{12} n\right).$$

これは確かに多項式時間である. だが実用的には前の算法 4.2.3 SPsPT の EZH を仮定した評価 (4.6) と, この評価を比較すると遥かに及ばない. なお, 原著者達自身による改訂版 [AKS03] で提案されているアルゴリズムは, 計算量

が $\tilde{O}\left(\lg^{7.5} n\right)$ である.これは,注意 2.2.5 にある**特殊素数**の密度予想や**原始根予想**に基いて期待される計算量が,更に良く $\tilde{O}\left(\lg^6 n\right)$ である.これでも残念ながら SPsPT より劣る.他方 [AKS03] では,次の予想がで提出され,それが成立すれば計算量が SPsPT に勝る $\tilde{O}\left(\lg^3 n\right)$ の決定性アルゴリズムが提案されている:

予想 4.3.1. もし $r \in \mathbb{P}, r \nmid n, b = -1$ に対して (4.10) が成立するならば

$$n \in \mathbb{P} \text{ 又は } n^2 \equiv 1 \pmod{r}.$$

これについては直ちに実験的な計算にも取組めるであろう.ただし,この予想はおそらく成立しないだろうという考察 [LP03] もされている.

以上の様に,この「PRIMES $\in$ P」を理論的に解決したアルゴリズムも,まだまだ実践的には非常に多くの課題が提供されている.

4.3.5 理論的根拠

算法 4.3.3 の円分合同式テスト CCT が正しい答を返すこと,即ちアルゴリズムの**部分正当性**を証明する.理論的根拠を最も簡潔に書くと

定理 4.3.3. [Ber03, Theorem 2.3] 今 $n \in \mathbb{Z}_{>1}$ に対して,或 $r \in \mathbb{N}$ と或 $Z \subseteq \mathbb{Z}, z := {}^\sharp Z < +\infty$,が以下の条件を充していると仮定する:
 (i) 法 r で n は既約剰余で位数 m,即ち $n \in (\mathbb{Z}/r)^\times$, $m := {}^\sharp \langle n \bmod r \rangle$.
 (ii) もし $q \in \mathbb{N}, q \mid \dfrac{\varphi(r)}{m}$ ならば $\dbinom{z+\varphi(r)-1}{z} \geq n^{2q \lfloor \sqrt{\varphi(r)/q} \rfloor}$.
 (iii) もし $a, b \in Z, a \neq b$,ならば $\gcd(a-b, n) = 1$.
 (iv) もし $b \in Z$ ならば (4.10) が成立.

このとき n は素冪である,即ち $n = p^w, p \in \mathbb{P}, w \in \mathbb{N}$.

証明. 原論文や [Nak04, Nak08] に譲るが本書の知識で判る. Q.E.D.

定理 4.3.4. 算法 4.3.3 は決定性 PRIMES のアルゴリズムである.

証明. 手順 (iv) の判定「$n \in \mathbb{P}$」以外の結論が正しいことは自明なので.手順 (iv) の判定「$n \in \mathbb{P}$」について考えよう.定理 4.3.3 に於て r を算法 4.3.3 の通

りとして $Z := \mathbb{N}_{\leq r}$ とする. 手順 (iii) では p の小さい順に計算するから r 以下に n の素因数は無く, 定理 4.3.3 の条件 (i) は充される. また Z の相異る二要素の差は r より小さいから, 定理 4.3.3 の条件 (iii) も充される. 更に $r \nmid N$ から $m \geq k = 4\lceil \lg^2 n \rceil \geq 4\lg^2 n$ だから $q \mid \varphi(r)/m$ ならば

$$n^{2q\lfloor\sqrt{\varphi(r)/q}\rfloor} \leq n^{2\varphi(r)/\sqrt{m}} \leq n^{\varphi(r)/\lg n} = 2^{\varphi(r)} = 2^{r-1}$$

である. 他方で r に関する MI で

$$\binom{z+\varphi(r)-1}{z} = \binom{2r-2}{r} \geq 2^{r-1}$$

である. これを併せて定理 4.3.3 の条件 (ii) も充される. だから手順 (iv) を通過した n に関しては必然的に定理 4.3.3 の条件 (iv) も充し n は素羃となる. 結論として, 手順 (i) により $n \in \mathbb{P}$ である. Q.E.D.

最後に, この CCT は論文 [AKS04] として出版されたことを付記しておく.

4.4 確率的 PRIMES 判定 $n-1$ テスト, ECPP

ここ迄で PRIMES は, 先ず「COMPOSITES ∈ RP」次に「PRIMES ∈ P」と, 実践的にも理論的にも解決しているが, 全く逆の角度から本章の最終節として確率的 PRIMES 算法に触れる. それらは $n \in \mathbb{P}$ の十分条件で計算しやすいものを利用する. 本節に関しては [CP01, §7.6] に詳しい.

4.4.1 $n-1$ テスト

前の §4.3.1 で利用した n に付随する有限可換群の中で $(\mathbb{Z}/n)^\times$ がある. そこの同値性 (4.8) を更に強くして [CP01, Corollary 4.1.1] にある様に

命題 4.4.1. 今 $m \in \mathbb{N}$, $m \mid n-1$, $m \geq \sqrt{n}$ で $T := \{p \in \mathbb{P} \mid p \mid m\}$ とする. このとき $n \in \mathbb{P}$ の (必要) 十分条件は, 或 $b \in \mathbb{Z}$ で

$$b^{n-1} \equiv 1 \pmod{n}, \quad \gcd\left(b^{(n-1)/p} - 1, n\right) = 1 \quad (p \in T).$$

証明. 条件を充す b を取り $a := b^{(n-1)/m}$ とする. もし $q \in \mathbb{P}$, $q \mid n$, なら

$$a^m \equiv 1 \pmod{q}, \qquad a^{m/p} \not\equiv 1 \pmod{q} \quad (p \in T)$$

より $\sqrt{n} \le m \mid \varphi(q) = q - 1 < q$. 故に (1.4) から $n = q \in \mathbb{P}$. Q.E.D.

これを利用した確率的 PRIMES 判定法が [CP01, Algorithm 4.1.7] の $n-1$ テストである.命題 4.4.1 の条件は $n-1$ 全部ではなく,その半分程度の約数である m の部分的な素因数全体 T が判っていれば良いので,同値性 (4.8) を用いるより確認しやすい十分条件となっている.

この考え方を n に付随する他の有限可換群にも適用することができる.中でも**楕円曲線**という,**数体**と並ぶ数論の古今東西にわたる主舞台が脚光を浴びることとなる [ST92, ST95].以下,先ず楕円曲線の定義,次に法 n の擬楕円曲線を説明し,更に確率的 PRIMES 判定法として**楕円曲線素数証明 ECPP** を紹介する.あらかじめ §4.1.5 で述べた様に,この ECPP 自体は多項式時間かどうか不明だが,その流れの中で「PRIMES $\in$ RP」となる確率的 PRIMES 判定法も提案されている.

4.4.2 楕円曲線

一般の体でも楕円曲線は定義される (例えば [Coh93, §7.1] で最小限の知識が得られる) が,本書では PRIMES と整数分解問題 IFP に力を発揮する標数 5 以上の有限素体に限る.即ち $p \in \mathbb{P}_{>3}$ で $F = \mathbb{F}_p = \mathbb{Z}/p$ とする.このとき**定義体** F 上の**楕円曲線** E とは,係数 $a, b \in F$ の代数方程式

$$E := E_{a,b} : Y^2 = X^3 + aX + b \tag{4.13}$$

の解となる点 $(X, Y) = (x, y)$ が描く曲線を意味する.ただし E の**判別式**

$$\Delta := \Delta(E) := -16\left(4a^3 + 27b^2\right) \ne 0 \tag{4.14}$$

と仮定する.あるいは,この代数方程式を射影化して

$$E : Y^2 Z = X^3 + aXZ^2 + bZ^3 \tag{4.15}$$

なる三変数三次形式を考えても良い.その場合には,自明解 $(X, Y, Z) = (0, 0, 0)$ は除くことにする.非自明解 $(X, Y, Z) = (x, y, z)$ は $t \in F^\times$

で $(X, Y, Z) = t(x, y, z)$ が非自明解と同じことなので、解集合 $[x : y : z] :=$ $\{t(x, y, z) \mid t \in F^\times\}$ を扱う．すると (4.13) の解と $Z \neq 0$ である (4.15) の解とは、写像 $(X, Y) \mapsto [X : Y : 1]$ と逆写像 $[X : Y : Z] \mapsto (X/Z, Y/Z)$ で一対一に対応して、これにより同一視される．また $Z = 0$ である (4.15) の解 $[X : Y : Z] = [0 : 1 : 0]$ に対応する (4.13) の解はないが、これも**無限遠点** $\mathcal{O}$ と呼んで併せて考える．

つまり (4.14) である $a, b \in F$ に対して、楕円曲線 E の ***F* 有理点**全体

$$E(F) := E_{a,b}(F) := \{\mathcal{O}\} \cup \left\{(x, y) \in F^2 \mid y^2 = x^3 + ax + b\right\} \quad (4.16)$$

を考える．重要なのは $E(F)$ に <u>加群の構造</u> が入る — 群演算が定義され可換群となる — ことである．具体的には以下の様にする：

- 先ず $P \in E(F)$ に対して $P + \mathcal{O} = \mathcal{O} + P = P$ と決める．
- 次に $P = (x_P, y_P)$, $Q = (x_Q, y_Q) \in E(F) \setminus \{\mathcal{O}\}$ に対して，
  - もし $Q = (x_P, -y_P)$ ならば $P + Q = \mathcal{O}$ と決め，
  - さもなくば $P + Q = (x, y) \in E(F) \setminus \{\mathcal{O}\}$ を

$$s := \begin{cases} \dfrac{3x_P{}^2 + a}{2y_P} & (Q = P) \\[2ex] \dfrac{y_P - y_Q}{x_P - x_Q} & (Q \neq P) \end{cases}$$

として $x := s^2 - x_P - x_Q$, $y := s(x_P - x) - y_P$ で決める．

これで $p \in \mathbb{P}$ に付随する新しい群 $E(F)$ が得られたが、注意すべき特徴が二つある．一つ目は、前に用いた $(\mathbb{Z}/p)^\times$ は p に対して一つだが、今度の $E_{a,b}(\mathbb{Z}/p)$ $(a, b \in \mathbb{Z}/p)$ は p に対して沢山あり、利用できるものが増えて有利である．二つ目は、合成数かもしれない n について前に利用した $(\mathbb{Z}/n)^\times$ に対応するものが無い．これは不利に思えるが、次に見る様に実は逆に有利に働く．その前に既知の重要な事実を述べておく：

定理 4.4.1. (Hasse-Cassels) 仮定と記号は上の通りとすると、有理点の群構造は

$$E(F) \simeq (\mathbb{Z}/c) \oplus (\mathbb{Z}/d), \qquad c, d \in \mathbb{N}, \ c \mid d, \ c \mid p - 1,$$

の形で, 位数 $^{\#}E(F) = cd$ については平方剰余記号 QRS を用いて

$$-2\sqrt{p} < cd - p - 1 = \sum_{x \in F} \left(\frac{x^3 + ax + b}{p} \right) < 2\sqrt{p}.$$

つまり F 有理点は高々巡回群二つの直和で位数は p と同じ程度である.

4.4.3 法 n の擬楕円曲線

楕円曲線の PRIMES や IFP への応用には, 素数でない n に付随する群も用意したい. しかし法 n で (4.13) や (4.15) の解となる点に対して, 前 §4.4.2 の演算を考えようとすると, 二点を結ぶ直線の傾き s の分母が $\mathbb{Z}/n$ で非零元だが可逆元でないときに行き詰まり, うまく群構造が入らない. ところが逆に, その様な場合に直面したとすれば, 既に n は合成数であると判定できたことになり, しかも分母との GCD は n の非自明な約数となる. これは我々の立場からすれば, むしろ嬉しいといえる. そこで $\mathbb{Z}/n$ 上でも加法を無理矢理に考える. 即ち

$$n \in \mathbb{Z}_{>1},\ a, b \in \mathbb{Z}, \qquad \gcd\left(n, 6\left(4a^3 + 27b^2\right)\right) = 1 \tag{4.17}$$

に対して, 法 n の**擬楕円曲線**とは集合

$$E_{a,b} := E_{a,b;\,n} := \{\mathcal{O}\} \cup \left\{ (x, y) \in (\mathbb{Z}/n)^2 \mid y^2 = x^3 + ax + b \right\} \tag{4.18}$$

の点に対する形式的加法を §4.4.2 の通りに決めたものとする. 但し s の計算で $2y_P$ や $x_P - x_Q$ による除算は $\mathbb{Z}/n$ に於る逆元の乗算をする. また $P \in E_{a,b;\,n}$ に対して, その自然な $k \in \mathbb{Z}$ 倍を考え $[k]P$ と表すことにする. もちろん $n \in \mathbb{P}$ なら $E_{a,b;\,n} = E_{a,b}(\mathbb{F}_n)$ となる.

上に §4.4.1 で見た $n-1$ テストの根拠は, 素数 n の場合だけ成立する群 $(\mathbb{Z}/n)^\times$ の構造による命題 4.4.1 の性質であった. ここでは $E_{a,b;\,n}$ が群になると限らないけれども, 幸い楕円曲線の群構造は定理 4.4.1 の様に判っている. これによって命題 4.4.1 の楕円曲線版が証明できる:

定理 4.4.2. 仮定と記号は上の通りとして, 今 $m, k \in \mathbb{N},\ (\sqrt[4]{n}+1)^2 \leq m \mid k$ で $T := \{p \in \mathbb{P} \mid p \mid m\}$ とする. このとき $n \in \mathbb{P}$ の十分条件は, 或 $P \in E_{a,b;\,n}$

で $[k/p]P \in E_{a,b;\,n}$ $(p \in \{1\} \cup T)$ が計算できて

$$[k]P = \mathcal{O}, \qquad [k/p]P \neq \mathcal{O} \quad (p \in T).$$

証明. 条件を充す P は，任意の $q \in \mathbb{P}, q \mid n$，を法として考えれば，楕円曲線 $E_{a,b}(\mathbb{F}_q)$ に於ては位数が m の倍数となる点である．したがって，仮定と定理 4.4.1 により $(\sqrt[4]{n}+1)^2 \leq m \mid {}^\sharp E_{a,b}(\mathbb{F}_q) < (\sqrt{q}+1)^2$ で $\sqrt{n} < q$．故に (1.4) から $n = q \in \mathbb{P}$．　Q.E.D.

これを利用して確率的 PRIMES 判定法が $n-1$ テスト同様に得られる．問題は，部分的に $n-1$ の素因数を知れば済む $n-1$ テストと違い，パラメタを上手に取る必要がある．即ち，擬楕円曲線の係数 a, b，その位数となりそうな k と約数 m の素因数，そして点 P の選択である．

4.4.4　楕円曲線素数証明

定理 4.4.2 に基く最初の算法 [CP01, Algorithm 7.6.2] は有理点の個数計算に手間取った．その難点を克服して次に確率的 PRIMES 判定法 ECPP [CP01, Algorithm 7.6.3] が提案された．詳細な内容は本書の範囲を超えるので，ここではパラメタ選択の要点だけ解説しておく．

記号は定理 4.4.2 の通りとする．パラメタ選択の順序とアルゴリズムは先ず以下の要領で考えられた：

 (i) 条件 (4.17) を充す擬楕円曲線 (4.18) の係数 a, b を取る．
 (ii) **分割多項式**計算 [CP01, Algorithm 7.5.6] で $k \leftarrow {}^\sharp E_{a,b;\,n}$ を求める．
 (iii) 素因数 T の判る k の約数 $m \in \mathbb{N}$，$(\sqrt[4]{n}+1)^2 \leq m \mid k$ を求める．
 (iv) 適当に擬楕円曲線 (4.18) の点 $P \in E_{a,b;\,n} \setminus \{\mathcal{O}\}$ を取る．
 (v) 定理 4.4.2 の条件が充されるかどうかを §4.4.2 の演算により確める．

途中 (i), (ii), (iv), (v) で計算が失敗すれば $n \notin \mathbb{P}$ が確認される仕組である．我々の相手となる n は，既に擬素数テスト PsPT を通過した素数の可能性が非常に高いもので，もしそうなら擬楕円曲線 $E_{a,b;\,n}$ は本当に楕円曲線 $E_{a,b}(\mathbb{F}_n)$ の筈である．したがって (ii) で $k \leftarrow {}^\sharp E_{a,b;\,n}$ とするのは妥当だが，この計算に n が大きいと時間がかかる．更に (iii) で，定理 4.4.1 によれば n とサイズが同

じ k の素因数を半サイズ程度求めるので，それに失敗すれば初めからやり直すことになる．

　この弱点の克服を目的として，判別式 Δ (4.14) の楕円曲線を，虚二次体 $\mathbb{Q}\left(\sqrt{\Delta}\right)$ による**虚数乗法** (Complex Multiplication) CM で構成する，いわゆる**虚数乗法法** (Complex Multiplication Method) CMM (**CM 法**) [CP01, Algorithm 7.5.9] を適用し，パラメタ選択の順序とアルゴリズムを，実際の ECPP では次の様に変更する：

(i) 仮に $n \in \mathbb{P}$ であれば CMM で構成できる楕円曲線 $E(\mathbb{F}_n)$ の位数となる可能性がある k を求める．

(ii) 素因数 T の判る k の約数 $m \in \mathbb{N}$, $(\sqrt[4]{n}+1)^2 \leq m \mid k$ を求める．

(iii) 仮に $n \in \mathbb{P}$ であれば位数 k の楕円曲線 $E(\mathbb{F}_n)$ になる筈の擬楕円曲線 $E_{a,b;n}$ の係数 a, b を CMM で得る．

(iv) 適当に擬楕円曲線 (4.18) の点 $P \in E_{a,b;n} \setminus \{\mathcal{O}\}$ を取る．

(v) 定理 4.4.2 の条件が充されるかどうかを §4.4.2 の演算により確める．

これで位数 $^\#E_{a,b;n}$ の計算が不要になり大幅に効率が良くなった．正確には評価されていないが ECPP の BC は多項式時間

$$\lg^{4+o(1)} n$$

であろうと期待されている (命題 1.3.1 参照).

　この手法 ECPP に残されている最大課題は，実際に (i) で CMM を適用する際に必要とされる**類多項式**を高速計算することであり，それはまた色々な意味で数論アルゴリズムの一重要問題でもある．

第5章

整数分解問題

もう一つの重要問題「与えられた $\mathbb{Z}_{>1}$ の数の二数の積への分解」を考えよう．引続き教科書 [CP01, Kob94, Coh93, KFM95] を挙げておく．

5.1 整数分解問題 IFP の戦略・戦術と計算量

目的は大きい奇数 n の非自明約数 $d \in \mathbb{Z}_{>1, <n}, d \mid n,$ を求めることである．効率は二進数で与えた n のサイズ $\lg n$ の関数としてビッグ O やソフト O (即ち $\tilde{O}$) BC で計り，サイズの多項式程度なら合理的とする．

5.1.1 問題の分析と方針

準　備　整数分解問題 IFP に取組む前に，より容易な予備的問題を考える：

冪検出　最初に §1.4.2 等で $n \in \mathbb{W} := \{a^j \mid a \in \mathbb{N}, j \in \mathbb{Z}_{>1}\}$ を判定し非自明冪根 d も求める．これはほぼ線型時間 (1.9) でできる．そして $n \in \mathbb{W}$ なら終了する．また $n \notin \mathbb{W}$ なら合成数判定に移る．

合成数判定　(COMPOSITES)　次に §4.2 の擬素数テスト PsPT 等で $n \notin \mathbb{P}$ を調べる．これは多項式時間でできる．そして $n \notin \mathbb{P}$ なら，もし d も得ていれば終了し，さもなくば整数分解に移る．判定不能の場合，おそらく $n \in \mathbb{P}$ だろう ── **擬素数**という ── として素数判定に移る．

素数判定　(PRIMES)　更に §4.3, §4.4 の算法等で $n \in \mathbb{P}$ を調べる．これは多項式時間でできる．そして $n \in \mathbb{P}$ なら終了する．また $n \notin \mathbb{P}$ なら，もし d も得ていれば終了し，さもなくば整数分解に移る．判定不能の場合，おそらく $n \notin \mathbb{P}$ だろうとして整数分解に移る．

以下では，これら準備を経て非素冪奇合成数 $n \notin 2\mathbb{Z} \cup \mathbb{W} \cup \mathbb{P}$ は既知 とする．また，それぞれ n の未知な非自明約数，素因数を $p, d\ (< \sqrt{n})$ とする．

基本戦略　先ず (1.4) より適当な奇数 $m \in \mathbb{Z}_{>1, <\sqrt{n}}$ で n を割る．計算量は注意 1.3.2 から $\tilde{O}(\lg n) = O\left(\lg^2 n\right)$ である．割切れれば $d \leftarrow m$ として終了する．割切れない なら二つ選択枝がある：

- その m は諦めて別の m で割る．これを m の昇順で行う**試し割算**は小さい約数を持つ n に有効だが，計算量は (4.1) から指数時間 $O\left(n^{1/2} \lg^2 n\right) = \tilde{O}\left(n^{1/2}\right)$ である．
- その m を諦めず剰余で順次割続け算法 2.1.1 SD で $\gcd(m, n)$ を求める．計算量は注意 2.1.2 から $\tilde{O}(\lg n) = O\left(\lg^2 n\right)$ である．これを適当な回数反復して $1 < d \leftarrow \gcd(m, n) < n$ とできれば良い．

我々の戦略は後者で，非自明 GCD d を与えそうな m を探す．

代表的戦術　昇順で m を選ぶのは試し割算と同じなので他の戦術を取る：

ランダム法　(Random Method) **RanM**　勝手に m を選ぶ戦術である．或 p で $m \in \mathbb{Z}/n$ が割切れる確率は $1/p$ 程度だから，沢山試せば成功する可能性が高い．まともに選べば少くとも $O(p) = O\left(n^{1/2}\right)$ 個 m を取る必要があり，これでは試し割算より非効率なこともある．そこで $\mathbb{Z}/n$ でランダムに分布する数列を生成する関数の $\mathbb{Z}/p$ での**周期性**を利用するのが ρ 法である．本項は §5.2 で詳述する．

平方差法　(Square Difference Method) **SqDM**　乗法公式 (2.11) と定理 2.2.3 CPMRT に基き m を選ぶ戦術である．非素冪奇合成数 n なら $(\mathbb{Z}/n)^\times$ は偶数位数群二つ以上の直積で ± 1 でない位数 2 以下の元を持つから，関係 $a^2 \equiv b^2 \pmod{n}$ を充す $a, b \in (\mathbb{Z}/n)^\times$ を探し，そこで $m \leftarrow a \pm b$ と取ると確率 $1/2$ 以上で d を得る．これには**各種指数計算法**があり計算量は直後に述べる**準指数時間**である．本項は §5.3 で詳述する．なお §5.5 の**量子計算機法**も，この異種といえる．

元位数計算法　(Element Order Computing Method) **EOCM**　存在する筈の p に関する適切な群の元の位数 (の倍数) を調べて m を

選ぶ戦術である．例えば $a \in (\mathbb{Z}/n)^\times$ の $(\mathbb{Z}/p)^\times$ に於る位数 $k \mid p-1$ が小さいとき $a^k \not\equiv 1 \pmod{n}$ の可能性が高く $m \leftarrow a^k - 1$ と取ると d を得る．これが **$p-1$ 法**である．その変種として**楕円曲線法**があり，計算量は**準指数時間**である．これは特別な性質を持つ p に依存することが特徴的である．本項は §5.4 で詳述する．

これらの大部分は確率的算法となっている．

5.1.2 計 算 量

計算量評価関数 上ででた準指数時間という術語を説明するために，計算量の評価で通常使われる実変数 u, v, x の関数を，次で定める：

$$L_x[u, v] := \exp\bigl(v(\ln x)^u (\ln \ln x)^{1-u}\bigr) \quad (0 \leq u \leq 1,\ v \geq 0,\ x > e). \tag{5.1}$$

このとき $L_x[u, v]$ は x について狭義の単調増加で $L_x[u, v] \geq 1$ である．また $L_x[u, v] = (L_x[u, 1])^v$ は v についても増加関数である．更に

$$L_x[1, v] = x^v, \qquad L_x[0, v] = (\ln x)^v = (\ln 2)^v \lg^v x$$

で，次の補間公式が成立する：

$$\ln \ln L_x[u, v] = u \ln \ln L_x[1, v] + (1-u) \ln \ln L_x[0, v].$$

その上 $L_x[u, v]$ は最も重要な変数である u に関しても増加関数となる．この様に $L_x[u, v]$ は $x = \exp(\ln x)$ の冪と $\ln x = \ln 2 \lg x$ の冪を補間するので，もし $0 < u < 1$ なら $\ln x$ に関して**準指数的**という．そして入力 $n \in \mathbb{N}$ のサイズ $\ln n$ に関して計算量が準指数的 (即ち或 $u, 0 < u < 1$ で $L_n[u,v]$) なら**準指数時間 (subexponential time)** アルゴリズムであるという．(もし $u = 0$ なら多項式時間で，もし $u = 1$ なら指数時間である．) ここで $L_x[u, v]$ の言葉で，整数分解問題 IFP を解く既存アルゴリズムの計算量を，これ迄書いたものも含めてまとめておく．これから一々は断らないが，殆どが発見的，予想的，期待的なものでしかなく，その厳密な証明も重要な課題として残されていることも注意しておく．

決定性アルゴリズム　下記の他 [MP96] 等にもいくつか紹介されているが現在迄に本質的な前進はなく, いずれも<u>指数時間</u>である.

試し割算　最小の素因数 p に計算量が依存する. それは $p \lg^{1+o(1)} n = L_n[1, 1/2 + o(1)]$ である.

FRSTM　詳細は省くが, 注意 3.2.2 等で触れた高速回転和変換 FRST (FFT) を利用する方法であり, 計算量は $L_n[1, 1/4 + o(1)]$ となる [Pom82, pp. 107–109].

類群法　詳細は省くが, 虚二次体のイデアル類群を利用する方法であり, 計算量は $L_n[1, 1/4 + o(1)]$ となり [Sha71], 更に EZH (ERH) の下で (2.18) と同じ様に $L_n[1, 1/5 + o(1)]$ となる [Sch82].

本書では, 以降で決定性アルゴリズムについて殆ど述べないことにする.

確率的アルゴリズム　こちらの方が実用的なので, 現在は主流となる方法で, これらにより IFP は<u>確率的準指数時間</u>の問題となる. 術語として今後, 整数は<u>素因数が小さいときに滑か</u> (smooth (滑か)) ということとする.

RanM　勝手に m を選ぶ.

ρ 法　後に §5.2.2 で詳述するが指数時間 $L_n[1, 1/4 + o(1)]$ である.

SqDM　滑かな $a, b \in \mathbb{Z}$ を利用して $a^2 \equiv b^2 \pmod{n}$ を探す.

連分数法　詳細は [LP31] に譲るが $\sqrt{n}$ を連分数展開して a, b を探す方法で $L_n[1/2, (5/4)^{1/2} + o(1)]$ となる [Pom82, §§5, 8].

指数計算法　後に §5.3.2 で各種の篩を含む共通の算法図式を述べる.

有理篩　原形で $L_n[1/2, 2^{1/2} + o(1)]$ となる [LLMP93, §2.7].

二次篩　後に §5.3.3 で詳しく述べるが $L_n[1/2, 1 + o(1)]$ となる.

数体篩　後に §5.3.4 で詳しく触れるが, 特別な n に対しては $L_n\left[1/3, (32/9)^{1/3} + o(1)\right]$, 任意の n に対しては<u>今最良</u>の $L_n\left[1/3, \left((92 + 26\sqrt{13})/27\right)^{1/3} + o(1)\right]$ となる.

量子計算機法　後に §5.5 で概説するが, 量子計算機による<u>仮想計算</u>である. 計算量もビット演算量 BC ではないが $\tilde{O}\left(\lg^2 n\right) = L_n[0, 2 + o(1)]$ **量子ビット演算量**と<u>多項式時間</u>になる.

EOCM　素因数 p に関する位数が滑かな群の存在を期待する. ずっと

$\sqrt{n}$ より小さい p の発見に良い. その素因数 p に計算量が依存する.

$p-1$ 法 後に §5.4.1 で詳述するが, 位数 $p-1 = {}^{\sharp}(\mathbb{Z}/p)^{\times}$ が滑かなら $(p/\lg p)\lg^{1+o(1)} n = L_n[1,\ 1/2 + o(1)]$ となる.

楕円曲線法 後に §5.4.2 で触れるが, 群 $E(\mathbb{Z}/p)$ (§4.4.2) の位数が滑かなら $L_p\left[1/2,\ 2^{1/2}\right]\lg^{1+o(1)} n = L_n[1/2,\ 1 + o(1)]$ となる.

注意 5.1.1. 素因数分解 PF については, 最悪でも $\lg n$ 回 IFP を解けばできるから, 本書では詳しく述べていない. もう一つ, 本質的に PF と $\varphi(n)$ の計算は同等であることも注意しておく [Mil76]. 即ち PF が判れば $\varphi(n)$ は決定性多項式時間で計算でき, 逆に $\varphi(n)$ から確率的多項式時間で PF はできる. その意味で, 両者の計算量は等価で, どちらも現在では準指数時間となることが保証されている.

5.1.3 結 論

与えられた $n \in \mathbb{N}$ の IFP 算法は以下の様にまとめられる:
- 冪検出, 合成数判定, 素数判定の順に解き $n \notin 2\mathbb{Z} \cup \mathbb{W} \cup \mathbb{P}$ とする.
- 基本戦略として $m \in \mathbb{Z}$ を選び $d \leftarrow \gcd(m, n)$ を計算する.
- 基本戦術として採用する m の選択法は以下の三つである:
    - 関数で生成した数列の周期性等から作る勝手な m (RanM).
    - 合同式 $a, b \in \mathbb{Z},\ a^2 \equiv b^2 \pmod{n}$ から $m \leftarrow a \pm b$ (SqDM).
    - 素因数による群の適当な位数の元から作る m (EOCM).
- 戦術 SqDM や EOCM は何らかの滑かな自然数が要求される.
- 確率的準指数時間 $L_n[1/3,\ 2] = \exp\left(2(\ln n)^{1/3}(\ln \ln n)^{2/3}\right)$ である.
- 決定性指数時間 $L_n[1,\ 1/4] = n^{1/4}$ (EZH が正しければ $n^{1/5}$) である.
- 量子計算機が実在すれば確率的多項式時間 $L_n[0,\ 2] = \lg^2 n$ である.

5.2 ランダム法 RanM

分解したい n との GCD 計算に使う m を選ぶ第一戦術を説明する. これは関数で生成される数列の周期性を利用する方法であった.

5.2.1 周期関数, 兎亀算法, 誕生日逆説

準備として数列の周期を求める一般的方法を一つ紹介する. 有限集合 S の自己写像 $f: S \to S$ は常に**周期関数**だから, 初項 $s_1 \in S$ を取り $s_{i+1} := f(s_i)$ ($i \in \mathbb{N}$) で定めた数列 s_i ($i \in \mathbb{N}$) は鳩の巣原理と WOP から (最小) 周期 $k := \min\{i - h \mid s_h = s_i \, (h, i \in \mathbb{N}, h < i)\} \leq {}^\sharp S$ を持つ. この k は**兎亀算法**と呼ばれるアルゴリズムで求められる [Flo67]. 具体的には, 今 $j := \min\{i \in \mathbb{N} \mid s_i = s_{i+k}\}$, $\ell := \lceil j/k \rceil k$ とすると $j \leq \ell < j + k$, $s_\ell = s_{2\ell}$ である. 故に先ず順次 $i \leftarrow 1, 2, 3, \ldots$ で s_i, s_{2i} を比較して, 一致すれば k の倍数の周期 $\ell \leftarrow i$ が得られる. 更に順次 $i \leftarrow 1, 2, 3, \ldots$ で $s_i, s_{\ell+i}$ を比較して, 一致すれば周期開始項 $j \leftarrow i$ が得られる. 最後に順次 $i \leftarrow 1, 2, 3, \ldots$ で s_j, s_{j+i} を比較して, 一致すれば最小周期 $k \leftarrow i$ が得られる. 顕著なのは, 数列が漸化式で与えられているから, 比較のために<u>記憶すべき値は 2 個</u>だけである. また比較回数は高々 $\ell + j + k < 2(j + k)$ である. 数列 s_i ($i \in \mathbb{N}$) が S で<u>ランダムに分布</u>する場合は, 著名な**誕生日逆説** — 同じ誕生日の人が意外に多いこと — により, 一定の高確率 P で

$$j + k \leq \sqrt{2 \ln\left(\frac{1}{1-P}\right) {}^\sharp S} = O\left({}^\sharp S^{1/2}\right) \quad \left(P = 0.99 \text{ なら } \fallingdotseq 3 \, {}^\sharp S^{1/2}\right)$$

と期待できる. このときの比較回数は $O\left({}^\sharp S^{1/2}\right)$ である. 関数 f の値を求める回数は, 最初の段階が $3\ell - 2 < 3(j + k)$ で, 合計が $3\ell + 2j + k - 3 < 5(j + k)$ で, これらも $O\left({}^\sharp S^{1/2}\right)$ と期待できる.

ところが, もし何も考えずに全ての s_h, s_i $(h, i \in \mathbb{N}, h < i \leq j + k)$ を一致する迄比較するなら, 比較のために<u>記憶すべき値は $j + k$ 個</u>必要で, しかも比較回数が $(j + k)(j + k - 1)/2 - (k - 1) = O\left({}^\sharp S\right)$ 程度となる. ただし関数 f の値を求める回数は $j + k - 1$ である. したがって兎亀算法の方が, 領域計算量については格段に優秀で比較回数も少くなる. 問題は f の関数値計算だが, それも兎亀算法は高々 5 倍程度で済み, $O\left(\sqrt[\sharp]{S}\right)$ であることに変りない. 総括すると, 記憶容量が少ければ兎亀算法を用いるしかなく, それでも関数値の計算時間は数倍しかかからない. 特に最小周期 k と限らず任意の周期 ℓ で良け

れば, より兎亀算法が有効である. なお, 兎亀算法という名前は高速で移動する兎 s_{2i} と低速で移動する亀 s_i の寓話をイメージしたものである.

5.2.2 ρ 法

自己写像 $f: \mathbb{Z} \to \mathbb{Z}$ を未知素因数 p に対する自己写像 $f: \mathbb{Z}/p \to \mathbb{Z}/p$ と考えれば周期関数である. 故に, 上の §5.2.1 にある様に数列 s_i ($i \in \mathbb{N}$) を定めて兎亀算法を用いる. この数列が $\mathbb{Z}/p$ 内でランダムに分布していれば, 高い確率 P で或

$$i < \sqrt{2\ln(1/(1-P))}\, p^{1/2} = O\left(p^{1/2}\right) = O\left(n^{1/4}\right)$$

に於て $s_i \equiv s_{2i} \pmod{p}$ となる筈である. このとき $s_i \equiv s_{2i} \pmod{n}$ でもある確率は $p/n \leq 1/\sqrt{n}$ と非常に低く, そうでなければ $m \leftarrow s_j - s_k$ として $1 < p \mid d \leftarrow \gcd(m, n) < n$ を得る. 数列生成には通常 $f(s) = s^2 + c$ 等の高速計算できる多項式を使うが, 果して $\mathbb{Z}/p$ でランダムに分布する数列を生成するかどうかが問題として残る (§7.2 参照). これで d を高確率で得る計算量は指数時間 $O\left(n^{1/4} \lg^2 n\right) = \tilde{O}\left(n^{1/4}\right)$ だが試し割算より良い. 実際に計算する数列の項数は $\sqrt[4]{n}$ の数倍程度で, 何よりも必要記憶容量が数個で済むのが嬉しい. 以上が ρ 法である [Pol75]. 具体的なアルゴリズムは [CP01, Algorithm 5.2.1] 等にあるので, ここで述べないが殆ど自明である. 本項の詳しい解説は [Kob94, §V.2] 等にある.

5.3 平方差法 SqDM 特に ICM

分解したい n との GCD 計算に使う m を選ぶ第二戦術を説明する. これは偶数位数群二個の直積である $(\mathbb{Z}/n)^{\times}$ を利用する方法であった.

5.3.1 原形と根拠

出発点となるのは次のすぐ証明できる簡単な

命題 5.3.1. 任意の<u>奇数</u> $n \in \mathbb{Z}_{>1}$ に対して, その平方差への分解 $n = a^2 - b^2$ ($a, b \in \mathbb{Z}, a > b \geq 0$) と, その積への分解 $n = cd$ ($c, d \in \mathbb{Z}, c \geq d \geq 1$)

は, 以下の写像により一対一に対応する:

$$(a, b) \longmapsto (c, d) := (a + b, a - b), \quad (c, d) \longmapsto (a, b) := \left(\frac{c+d}{2}, \frac{c-d}{2}\right).$$

これから n の平方差分解を探して IFP が解ける. もし b が小さく取れる — 即ち n が $\sqrt{n}$ に近い因数を持つ — なら, そのときの a は $\sqrt{n}$ と等しいか僅かに大きい. そこで, 切上げ関数 $\lceil \cdot \rceil$ により, 小さい $i \leftarrow 0, 1, \ldots$ に対して $a \leftarrow \lceil \sqrt{n} \rceil + i$ とすれば $a^2 - n$ が平方数となることが期待できる.

例 5.3.1. 今 $n = 40084929682172087199637$ に対し, もし $a \leftarrow \lceil \sqrt{n} \rceil = 200212211621$ ならば $a^2 - n = 248004 = 498^2$ なので $b \leftarrow 498$, $(c, d) \leftarrow (a+b, a-b) = (200212212119, 200212211123)$ として $n = c \times d$ を得る. これは旧式マシン — CPU Pentium/P55C (quarter-micron) (262.39-MHz 586-class), Memory 64MB, OS FreeBSD 2.2.8-RELEASE, Program GNU `bc` Ver.1.03 — で計算して十数ミリ秒である. 同じ環境で試し割算により $c, d \in \mathbb{P}$ が各 18 秒足らずで確認でき, この程度なら試し割算も捨てたものではない. しかし, これらの倍桁数がある n を試し割算で分解するには, 割算の回数だけで c, d に対する 447000 倍以上で, 最低三か月かかる.

更に n の奇数 t 倍から $\sqrt{tn}$ と等しいか僅かに大きい a を取り $tn = a^2 - b^2$ となることがあり, 小さい t なら $a - b$ は $\sqrt{tn}$ に近い tn の約数で

$$a^2 = b^2 + tn \implies 1 < \gcd(a - b, n) < n \tag{5.2}$$

となる筈である. そこで, 四捨五入関数 $\lfloor \cdot \rceil$ により, 整数 $b \leftarrow \lfloor \sqrt{a^2 - tn} \rceil$ を取り $m \leftarrow a - b$ と選んで n との GCD を計算する. ここで $a^2 - tn = b^2$ は実際に確認しなくても $1 < \gcd(m, n) < n$ が成立つことだけみれば良い.

算法 5.3.1 (平方差分解法). (Fermat)

入力 奇数 $n \in \mathbb{Z}_{>1}$, $2 \nmid n$ および反復回数 $j, h \in \mathbb{N}$.

出力 非自明因数 $d \in \mathbb{Z}_{>1, <n}$, $d \mid n$, あるいは判断「n の整数分解不成功」.

手順 (i) 各 $i \leftarrow n, 3n, \ldots, (2j-1)n$ に対して以下を反復:

各 $a \leftarrow \lceil \sqrt{i} \rceil, \ldots, \lceil \sqrt{i} \rceil + h - 1$ に対して以下を反復:

順次 $b \leftarrow \lfloor \sqrt{a^2 - i} \rfloor$, $m \leftarrow a - b$, $d \leftarrow \gcd(m, n)$ として, もし $1 < d < n$ なら d を出力して終了.

(ii) 「n の整数分解不成功」と判断して終了.

算法 5.3.1 平方差分解法の根拠 (5.2) に於る仮定を小さいとは限らない $t \in \mathbb{Z}$ で良いとすれば, それは $a^2 \equiv b^2 \pmod{n}$ を意味し, 同じ結論を得るには更に $a \not\equiv \pm b \pmod{n}$ とすれば十分である:

$$a, b \in \mathbb{Z}, a^2 \equiv b^2, a \not\equiv \pm b \pmod{n} \implies 1 < \gcd(a - b, n) < n. \quad (5.3)$$

これは (5.2) を含む, より広いものである. また $\gcd(b, n) = 1$ となるときに考えれば良い. 何故なら, さもなくば $\gcd(b, n)$ が n の非自明約数だからである. 故に, 法 n の逆元を乗じて $x \equiv ab^{-1} \pmod{n}$ と変換できる:

$$x \in \mathbb{Z}, x^2 \equiv 1, x \not\equiv \pm 1 \pmod{n} \implies 1 < \gcd(x - 1, n) < n. \quad (5.4)$$

既に §5.1.1 で説明した通り, 今 $n \notin 2\mathbb{Z} \cup \mathbb{W} \cup \mathbb{P}$ だから, もし $x^2 \equiv 1$ なら確率 $1/2$ 以上で $x \not\equiv \pm 1$ である. そこで $\underline{x^2 \equiv 1 \text{ なる } x \text{ を探す}}$.

5.3.2 指数計算法の算法図式

前節最後の (5.4) の仮定を充す x — あるいは, この方が多いが (5.3) の仮定を充す a, b — を探す古典的**指数計算法 (Index Calculus Method) ICM** がある. 今, 単位可換環 R と $J \subseteq R$ に関する次の問題を考える:

XDLP: 与えた R の元が J の元達だけの積かどうか判定し,
 そうなるときは具体的に J の元達だけの積に分解する.

これが比較的容易に解ける J を R の**因子基底**, そして J の元達は "**小さい**", 更に "小さい" 元達の積を **J 滑か**という. 勝手な整数の集合を取っても IFP の困難性から $\mathbb{Z}$ の因子基底にはなり得ない. 絶対値の小さい整数は無論この意味でも "小さい" が, 他にも "小さい" 整数が考えられるのが味噌である. 指数計算法 ICM は何らかの $\mathbb{Z}$ の因子基底 J を使うので**因子基底法**とも呼ばれ, 以下の図式で J 滑かな x (あるいは a, b) を探す:

Step 0. 事前の計算により小さい素因数がない $n \notin 2\mathbb{Z} \cup \mathbb{W} \cup \mathbb{P}$ とする.

Step 1. 適切な $\mathbb{Z}$ の<u>因子基底</u> $J \subseteq (\mathbb{Z}/n)^\times$, $s := {}^\sharp J \in \mathbb{N}$, を選択する.

Step 2. 適当に<u>平方で J 滑かな**乗法的線型関係** V を収集</u>する, 即ち s 個より沢山 J 滑かな法 n の平方剰余 QR を探しベクトル集合 V を取る:

$$V \subseteq \left\{ v = (v_j)_{j \in J} \in \mathbb{Z}^s \,\middle|\, \prod_{j \in J} j^{v_j} \equiv k_v{}^2 \pmod{n}, k_v \in \mathbb{Z} \right\}, \quad r := {}^\sharp V > s.$$

これが<u>主要部</u>で J の元達は "小さい" から比較的容易に得られる.

Step 3. 非自明な $\mathbb{Z}/2$ 上の線型関係 W が $r > s$ より求められる:

$$W \subseteq V, \; W \neq \emptyset, \quad \sum_{v \in W} v = 2 (w_j)_{j \in J}, \; (w_j)_{j \in J} \in \mathbb{Z}^s.$$

Step 4. Steps 2, 3 の記号で, 次の様に取れば $x^2 \equiv 1 \pmod n$ となる:

$$x \leftarrow \prod_{v \in W} k_v \prod_{j \in J} j^{-w_j} \bmod n.$$

注意 5.3.1. ここで Step 3 に於て, **疎な** (つまり大部分 0 係数の) $\mathbb{Z}/2$ 上の巨大連立線型方程式を解く方法が必要となる [Wie86, Mon95].

この ICM の計算量を (5.1) で表すと, 因子基底 J を ${}^\sharp J = L_n[1/2, O(1)]$ に取れば<u>準指数時間</u> $L_n[1/2, O(1)]$ BC である [Kob94, §V.3]. 評価に関する詳細な分析方法が [LL93, pp. 76 – 78] にあるので参照してほしい.

算法図式で Steps 0, 3, 4 は各種の ICM に共通しているが, Steps 1 と 2 の<u>因子基底選択</u>と<u>線型関係収集</u>はいくつかの工夫ができる.

篩の活用 初期の ICM は Step 2 で, 適当な $K \subseteq \mathbb{Z}$ に対して $T := \{k^2 \bmod n \mid k \in K\}$ から J 滑かな元を探すために, 各 $j \in J$ で T の各元を割っていた. これに対して算法 2.1.3 合成数篩 CS の効率性に着目した改良がある. 表 K の<u>篩</u>を CS 同様にして J 滑かな T の元を割算せず得る. これは各 $j \in J$ 毎に**分散処理**すれば一層効果的である.

複数の因子基底　単位可換環 R_1, R_2 に対して, それぞれの因子基底 J_1, J_2 が存在して, しかも写像 ψ_1, ψ_2 と環準同型 ϕ_1, ϕ_2 に関して**可換図式**

$$\begin{array}{ccc} \mathbb{Z} & \xrightarrow{\psi_1} & R_1 \\ \psi_2 \downarrow & \circlearrowleft & \downarrow \phi_1 \\ R_2 & \xrightarrow[\phi_2]{} & \mathbb{Z}/n \end{array} , \qquad \phi_1 \circ \psi_1 = \phi_2 \circ \psi_2 \qquad (5.5)$$

が成立つとする. 両方の $i \in \{1, 2\}$ で $\psi_i(k)$ が J_i 滑かな $k \in \mathbb{Z}$ は

$$\phi_1(\psi_1(k)) = \phi_2(\psi_2(k)), \qquad 即ち\ \phi_1(\psi_1(k))(\phi_2(\psi_2(k)))^{-1} = 1,$$

を充し ϕ_i の乗法性より両辺とも $J := \phi_1(J_1) \cup \phi_2(J_2)$ の元達だけの積だから, その観点で J は $\mathbb{Z}/n$ の因子基底といえる. これにより Step 1 を構成する. 通常 ψ_i は乗算を保たず両辺の積の形は違う. これらを篩で収集し Step 2 を達成する. なお $\psi_i(k)$ 達は J_i 滑かな数と平方数の積で良い.

参考迄に, 算法 5.3.1 平方差分解法は, 単純に $R_1 := R_2 := \mathbb{Z}$ で, 各奇数 $t \in \mathbb{N}$ に対し $\psi_1 : k \mapsto k+tn$, 恒等写像 $\psi_2 := \mathrm{id}_{\mathbb{Z}}$, **自然写像** $\phi_1 := \phi_2 : j \mapsto j \bmod n$ として, 同時に平方数の $\psi_1(k), \psi_2(k)$ を探し因子基底は考えていないとみなせる.

以上の工夫を典型的に適用している**二次篩 (Quadratic Sieve) QS** と**数体篩 (Number Field Sieve) NFS** を次節以降で紹介する.

5.3.3　二　次　篩

二次式 $X^2 - n$ の値 $f_k := (k^2 - n) \bmod n \in \mathbb{Z}/n\ (k \in \mathbb{Z})$ を使うのが二次篩 QS である. 上の (5.5) で $R_1 := \mathbb{Z}/n, R_2 := \mathbb{Z}, \psi_1 : k \mapsto f_k, \psi_2 : k \mapsto k^2, \phi_1 := \mathrm{id}_{\mathbb{Z}/n}$ で ϕ_2 は自然写像とする. 元々 ψ_2 の像は平方なので因子基底は R_1 のみで考える.

Step 1.　因子基底は n が QR の小さい素数, 即ち適切な $B \in \mathbb{N}$ に対し

$$J \leftarrow \{2\} \cup \left\{ q \in \mathbb{P}_{>2, \leq B} \ \middle|\ \left(\frac{n}{q}\right) = 1 \right\}$$

とする．また適切な $A \in \mathbb{N}$ に対し $K \leftarrow \{\lfloor\sqrt{n}\rfloor + i \mid i \in \mathbb{N}_{\leq A}\}$ とする．定理 2.1.3 PNT より $s = {}^{\sharp}J \sim B/2\lg B$ と予想され ${}^{\sharp}K = A$ である．

Step 2. 各 $q \in J$ に対して K を篩い f_k が J 滑かな $k \in K$ を決める．実際には，もし $q > 2$ なら，各 $e \in \mathbb{N}$ について，合同式 $X^2 \equiv n \pmod{q^e}$ の解を K 内で小さい方から $X = h$, $X = i$, と二つ取り，それらから q^e 個おきに K を篩えば全合同式解が得られ，任意の $k \in K$ で

$$q^e \mid f_k \iff k \in (h + q^e\mathbb{Z}) \cup (i + q^e\mathbb{Z})$$

となる．若干修正して $2^e \mid f_k$ $(k \in K, e \in \mathbb{N})$ も得る．故に，定理 1.2.2 PF で定義した f_k の q 指数 $e(k, q) \in \mathbb{Z}_{\geq 0}$ $(k \in K, q \in J)$ が判る．ここで或 $q \in J$ で $e(k, q) > 0$ な $k \in K$ の f_k を初めて求め，それが J 滑かなら

$$\prod_{q \in J} q^{e(k,q)} = f_k \equiv k^2 \pmod{n}$$

となる．この様な k を個数 $r > s$ 迄探し関係ベクトル集合 V を得る．

Step 1 の計算量は注意 2.3.3 より $\tilde{O}(B\lg n)$ である．Step 2 は，各 $k \in K$ で，合同式解法が §2.3.3 の算法 SQRTP, SQRTPPw より EZH の下で計算量 $\tilde{O}(\lg^3 n)$, また f_k の計算量 $\tilde{O}(\lg n)$ となる．故に，全部で計算量 $\tilde{O}(A\lg^3 n)$ で，篩の回数は $O(AB/\lg B)$ である．この方法で計算量を決定する要素は滑かさの限界 A, B が，どの程度なら適切かという問題である．例えば A, B が $L_n[1/2, 1]$ と同じ位で $B < A < B^2$ となる様に取れば良く，そのときに計算量は $L_n[1/2, 1 + o(1)]$ になるだろうと予想されている [Pom82, §§7-8], [Wie86]．これらの議論は，複数の二次式を使う等 QS の変種が計算量を予想しつつ [BtR96] 等で試されている．

5.3.4 数 体 篩

以下，数体に関しては第 3 章（特に §3.3）と，そこで挙げた参考書を見てほしい．巨大な n の IFP に対して数体篩 NFS は今や最速である．入門に最適なのは [LLMP93] であろう．基礎事項，改良，関連話題や文献と歴史は総合的な講義録 [LL93] にある．そして，拙著 [Nak99] も近年の発展については参考に

5.3 平方差法 SqDM 特に ICM

なるだろう. これらにある文献も参照されたい. 数体の整数環を IFP に利用する着想は, 先ず小さい $r, s \in \mathbb{N}$ により $n = r^d \pm s$ となる場合に, **特殊数体篩** (Special Number Field Sieve) **SNFS** として [LL93, pp. 11–42] で導入され, その計算量は $L_n \left[1/3, (32/9)^{1/3} + o(1) \right]$ である. 任意の n の場合には, **一般数体篩** (General Number Field Sieve) **GNFS** は [LL93, pp. 50–94] で紹介され, その計算量は $L_n \left[1/3, (64/9)^{1/3} + o(1) \right]$ で, また §5.1.2 に触れた様に [Cop93] で $L_n \left[1/3, ((92 + 26\sqrt{13})/27)^{1/3} + o(1) \right]$ と改良されている. 現在, 複数の数体も使えるが [EH96], ここでは一つだけ数体を使う.

その GNFS は, 与えられた分解の標的 $n \in \mathbb{N}$ から, 主係数 1 の $\mathbb{Z}$ 係数 <u>既約多項式</u> $f \in \mathbb{Z}[X]$, $\mathrm{lc}\, f = 1$, および剰余環の準同型写像

$$\phi : \mathbb{Z}[X]/f \ni \xi \longmapsto \phi(\xi) \in \mathbb{Z}/n \tag{5.6}$$

が, 像 $\phi(\alpha)$, $\alpha := X \bmod f \in \mathbb{Z}[X]/f$, も f の係数も n と比べて小さく取れることを根拠とする. これは例えば n の m XP で構成できる. 実際 $d \in \mathbb{Z}_{>1,\, <\sqrt{\lg n}}$ を選んで $m \leftarrow \lfloor n^{1/d} \rfloor$ とすれば m XP は $n = (1, n_{d-1}, \ldots, n_0)_m$ なので $f \leftarrow X^d + n_{d-1} X^{d-1} + \cdots + n_0$ とする. 既約でない f の場合その因数分解が非自明な $n = f(m)$ の分解を与える [LL93, p. 54]. 既約な f には (5.6) の ϕ を $\phi(\alpha) := m \in \mathbb{Z}/n$ で定義して, 要求されていた様に $\phi(\alpha)$ の法 n での剰余 m と f の係数 n_k ($k \in \mathbb{Z}/d$) を皆 n と比較して小さくできた.

さて, もし何か (5.6) を得たら, 改めて $m \leftarrow \phi(\alpha) \in \mathbb{Z}/n$ とすると $f(m) \equiv 0 \pmod{n}$ となる. なお ϕ の $\mathbb{Z}$ への制限は自然写像である. 簡単のため <u>$R := \mathbb{Z}[\alpha] = \mathbb{Z}[X]/f$ は UFD</u> とする. 主係数 1 の R 係数多項式の $F := \mathbb{Q}(\alpha)$ での根は R に属し (R は **整閉**) $R = \mathbb{Z}_F$ (整数環) である. そこで R の素イデアル $\mathfrak{p}$ の素元 $\pi_\mathfrak{p} \in R$, $\mathfrak{p} = \pi_\mathfrak{p} R$, を固定する. また $R^\times$ の生成系 (即ち F の **基本単数系**と F の 1 の冪根の生成元) を U とする. 整数 $j \in \mathbb{Z}$ の m XP $j = (\mathrm{sgn}\, j) (j_{d-1}, \ldots, j_0)_m$ から $\beta_j := (\mathrm{sgn}\, j) \left(j_0 + j_1 \alpha + \cdots + j_{d-1} \alpha^{d-1} \right) \in R$ を作り, 各々 j, β_j の $\mathbb{Z}, R$ での素因数分解を利用する. 上記 (5.5) の記号で書くと $R_1 := \mathbb{Z}$, $R_2 := R$ で ψ_1 は恒等写像, $\psi_2 : \mathbb{Z} \ni j \mapsto \beta_j \in R$, 更に (5.6) から $\phi_1 := \phi_2 := \phi$ である.

Step 1. 因子基底は U と "小さい" 素元, 即ち適切な $B \in \mathbb{N}$ に対し
$$P \leftarrow \mathbb{P}_{\leq B}, \quad \Pi \leftarrow \left\{ \pi_{\mathfrak{p}} \mid \text{ノルム } {}^{\sharp}(R/\mathfrak{p}) \in P \text{ の } R \text{ の素イデアル } \mathfrak{p} \right\},$$
として $J \leftarrow \phi(P \cup \Pi \cup U)$ とする. また適切な $A \in \mathbb{N}$ に対し
$$K \leftarrow \left\{ (h, i) \in \mathbb{Z}^2 \mid \gcd(h, i) = 1, |h| \leq A, 0 < i \leq A \right\}$$
とする. 具体的に QS 同様 $s = {}^{\sharp}J$ は B で評価され ${}^{\sharp}K \leq A^2$ である.

Step 2. 各素元 $q \in P$ や $\pi \in \Pi$ に対して K を篩い $h + im$ が P 滑かで $h + i\alpha$ が $\Pi \cup U$ 滑かなものを探す:
$$h + im = \prod_{q \in P} q^{e(q)} (e(q) \in \mathbb{Z}_{\geq 0}, q \in P),$$
$$h + i\alpha = \prod_{\pi \in \Pi} \pi^{e(\pi)} \prod_{u \in U} u^{e(u)} (e(\pi) \in \mathbb{Z}_{\geq 0}, \pi \in \Pi; e(u) \in \mathbb{Z}, u \in U).$$
すると $\phi(h + im) = \phi(h + i\alpha)$ より乗法的線型関係 (但し §5.3.2 で $k_v = 1$)
$$\prod_{q \in P} \phi(q)^{e(q)} = \prod_{\pi \in \Pi} \phi(\pi)^{e(\pi)} \prod_{u \in U} \phi(u)^{e(u)}.$$
となる. この様な (h, i) を個数 $r > s$ 迄探し関係ベクトル集合 V を得る.

注意 5.3.2. この GNFS では如何に適切な (5.6) の f, ϕ を取り数体 F や整環 R を選ぶかが鍵となる. 上述した n の m XP を使う以外の方法があれば興味深い. そして Π と U を求める効率も重要な点の一つである. 一般的方法も適用できるが計算速度の障害になりかねない. そこで, 実用的には Π と U を併行して求めるのが良いとされている. また R が UFD でないときもあり $R = \mathbb{Z}_F$ でないこともある. 更に U の元が大きいときは深刻である. 加えて Step 3 で「沢山の R の "小さい" 元の積である大きい元が R 内で平方かどうかみて平方根を求める」必要がある. これらの分析と考察は詳しく [LL93, pp. 20–25, 58–76, 95–102] でなされている.

5.4 元位数計算法 EOCM

分解したい n との GCD 計算に使う m を選ぶ第三戦術を説明する．これは n の素因数 p に依存する適切な群の元位数を求める方法であった．

5.4.1 $p-1$ 法

既約剰余類群 $(\mathbb{Z}/p)^\times$ を利用する．今 $S := \{q \in \mathbb{P} \mid q \mid n\}$ と置けば

命題 5.4.1. 奇数 $n \in 1 + 2\mathbb{N}$ に対し $k \in (\mathbb{Z}/n)^\times$ とする．このとき

$${}^\sharp\{a \in (\mathbb{Z}/n)^\times \mid a^k \equiv 1 \pmod{n}\} = \prod_{q \in S} \gcd(k, q-1).$$

他方，特定の $p \in S$ についてはファイ関数 (2.7) を用い

$${}^\sharp\{a \in (\mathbb{Z}/n)^\times \mid a^k \equiv 1 \pmod{p}\} = \varphi(n)\gcd(k, p-1)/(p-1).$$

これは定理 2.2.3 CPMRT, 2.2.4 ModPPw の系である．全ての $q \in S$ が $q \| n, q-1 \mid k$ のときを除き，或 $p \in S, a \in (\mathbb{Z}/n)^\times$ で $a^k \equiv 1 \pmod{p}, \not\equiv 1 \pmod{n}$ なので $m \leftarrow a^k - 1 \bmod n$ と選べば $1 < p = \gcd(m, p) \mid \gcd(m, n) < n$ と非自明約数を得る．特に $\gcd(k, p-1)$ が大きいと機会が増すので，適当に小さい $B \in \mathbb{N}$ を取り

$$k := \mathrm{lcm}\,\mathbb{N}_{\leq B} = \prod_{\ell \in \mathbb{P}_{\leq B}} \ell^{\lfloor \log_\ell B \rfloor} \qquad (5.7)$$

として，或 $p \in S$ で $p-1 \mid k$，せめて $p-1$ が $\mathbb{P}_{\leq B}$ 滑かなことを期待する：

算法 5.4.1 ($p-1$ 法). [Pol74] 適切な素数表は与えられているとする．
入力 奇数 $n \in 1+2\mathbb{N}$, 滑かさの限界および反復回数 $B, j \in \mathbb{N}$.
出力 非自明因数 $d \in \mathbb{Z}_{>1, <n}, d \mid n$, あるいは判断「$n$ の整数分解不成功」．
手順 (i) 素数表で k を求め $d \leftarrow \gcd(k, n)$ として，もし $1 < d < n$ なら d を出力して終了，さもなくば以下を j 回反復：

(a) ランダムに $a \in \mathbb{Z}_{>1, <n-1}$ を取り $d \leftarrow \gcd(a, n)$ として，もし

$1 < d < n$ なら d を出力して終了.

(b) 順次 $m \leftarrow a^k - 1 \bmod n$, $d \leftarrow \gcd(m, n)$ として, もし $1 < d < n$ なら d を出力して終了.

(ii)「n の整数分解不成功」と判断して終了.

算法 5.4.1 $p-1$ 法の計算量は $j \lg^{2+o(1)} n$ で, もし $p-1$ が $\mathbb{P}_{\leq B}$ 滑かなら $(B/\lg B) \lg^{1+o(1)} n = (p/\lg p) \lg^{1+o(1)} n$ が既知である. どんな $p \in S$ でも $p-1$ が滑かでない (注意 2.2.5 参照) と駄目である. 命題 5.4.1 から $p-1$ 法が (i–b) で失敗する確率も判る. 例えば $S = \{p, q\}$, $p \neq q$, $p-1 \mid k$ なら失敗確率は $pq \gcd(k, q-1)/n(q-1)$ でしかない. もし $q-1$ が全然 $\mathbb{P}_{\leq B}$ 滑かでない $\gcd(k, q-1) = 1$ 等なら失敗確率は $pq/n(q-1)$ と小さくなる.

注意 5.4.1. 他の p に依存する群では $F_{p^2}^\times$ を使う **$p+1$ 法**がある [Wil82].

5.4.2 楕円曲線法

注意 5.4.1 以外で p に依存する群は §4.4.2 の楕円曲線 E がある. そこで $n \notin 2\mathbb{Z} \cup 3\mathbb{Z} \cup \mathbb{W} \cup \mathbb{P}$, $p \in S := \{q \in \mathbb{P} \mid q \mid n\}$ として, 先の $p-1$ 法は「$a \in (\mathbb{Z}/p)^\times \setminus \{1\}$, $a^k = 1 \Rightarrow p \mid a^k - 1$」を使うのに対し「$P \in E(\mathbb{Z}/p) \setminus \{\mathcal{O}\}$, $[k]P = \mathcal{O} \Rightarrow p$ が $[k]P$ の計算過程で分母を割る」を使う. 正確には P が位数 $k = h + i$, $h, i \in \mathbb{N}$, なら $[h]P + [i]P = \mathcal{O}$, $[h]P = (x_1, y_1)$, $[i]P = (x_2, y_2) \in E(\mathbb{Z}/p) \setminus \{\mathcal{O}\}$ で $p \mid \gcd(x_1 - x_2, y_1 + y_2)$ となる. 未知な法 p ではなく §4.4.3 の法 n の擬楕円曲線で $[k]P$ を求め, 今 $m \in \{x_1 - x_2, y_1 + y_2\}$ とすれば $n \nmid m$ なら, 或 $p \in S$ で $p \mid m$ のときに $1 < \gcd(m, n) < n$ を得る. そこで適切な $B \in \mathbb{N}$ を取り (5.7) で k を定め或 $p \in S$ で $^\# E(\mathbb{Z}/p) \mid k$ せめて $^\# E(\mathbb{Z}/p)$ が $\mathbb{P}_{\leq B}$ 滑かなことを期待する. これが**楕円曲線法 (Elliptic Curve Method) ECM** である:

算法 5.4.2 (ECM). [Len87] 適当な素数表は与えられているとする.

入力 整数 $n \in \mathbb{N} \setminus (2\mathbb{Z} \cup 3\mathbb{Z} \cup \mathbb{W} \cup \mathbb{P})$, 滑かさの限界および反復回数 $B, j \in \mathbb{N}$.

出力 非自明因数 $d \in \mathbb{Z}_{>1, <n}$, $d \mid n$, あるいは判断「n の整数分解不成功」.

手順 (i) 素数表により k を求め $d \leftarrow \gcd(k, n)$ として, もし $1 < d < n$ な

ら d を出力して終了,さもなくば以下を j 回反復:

(a) ランダムに $x, y, a \in \mathbb{Z}/n$ を取り $b \leftarrow y^2 - x^3 - ax \bmod n$.

(b) 各 $m \in \{x, y, a, b\}$ に対して $d \leftarrow \gcd(m, n)$ として,もし $1 < d < n$ なら d を出力して終了.

(c) 順次 $m \leftarrow 4a^3 + 27b^2$, $d \leftarrow \gcd(m, n)$ として,もし $d = n$ なら (i–a) へ,もし $1 < d < n$ なら d を出力して終了.

(d) 点 $P \leftarrow (x, y) \in E_{a, b; n}$ として $[k]P$ を §1.4.1 の AC で求める途中 $Q + R$, $Q = (x_1, y_1)$, $R = (x_2, y_2) \in E_{a, b; n} \setminus \{\mathcal{O}\}$ なら,各 $m \in \{x_1 - x_2, y_1 + y_2\}$ に対して $d \leftarrow \gcd(m, n)$ として,もし $1 < d < n$ なら d を出力して終了.

(ii) 「n の整数分解不成功」と判断して終了.

算法 5.4.2 ECM については,その後 [CP01, §7.4] にある様に計算量の解析やアルゴリズムの最適化がされている.それらは本書の範囲を超えるので,ここでは重要な点をいくつか指摘するに留める.先ず $p - 1$ 法では利用できる群が $(\mathbb{Z}/p)^\times$ 一つに限られていたのに対し,楕円曲線 $E(\mathbb{Z}/p)$ の候補は沢山あり可能性が広がる.即ち $p - 1$ が滑かでなくとも,どれかの $^\sharp E(\mathbb{Z}/p)$ が滑かなら成功する.次に,定理 4.4.1 により $E(\mathbb{Z}/p)$ の構造や位数が既知である.これから適切な滑かさの限界 B を推測でき,それは $B = L_p[1/2, 1/\sqrt{2} + o(1)]$ とされる.第三に,この B を用いれば計算量

$$L_p[1/2, \sqrt{2} + o(1)] = L_n[1/2, 1 + o(1)] \qquad (p \in S_{\leq \sqrt{n}})$$

と準指数時間が期待できる.これは,比較的小さい素因数がある場合に有効で,例えば $p \in S_{\leq \sqrt[j]{n}}$ がある場合には

$$L_n[1/2, \sqrt{2/j} + o(1)]$$

という計算量になる.最後に第四点として,いずれも (前の $p - 1$ 法等を込めて) 隠されていて見付けたい p に依存し,どの $^\sharp E(\mathbb{Z}/p)$ も滑かでなければ失敗することが最大の弱点である.

5.5 量子計算機法

本節では量子計算機を用いれば IFP が多項式時間で解けてしまうという，とりわけ暗号の分野に衝撃を与えた結果を概説する．量子計算機やアルゴリズムの詳しい内容は専門書に譲る．簡単な解説は例えば [Hos99] にある．

5.5.1 歴　　史

世間に現存する計算機は全て，処理単位が $0, 1$ という二つのディジタルデータ — ビット — である．およそ 20 年前に，処理単位を基底状態の重合せ状態 — **量子ビット**, **キュビット** (**QUantum BIT**) **qubit** — とする，新しい計算機概念が導入された [Deu85]．それを**量子計算機** (**Quantum Computer**) **QC** といい，これに対して従来の計算機を**古典計算機**等という．しかしながら QC の実現性に関しては依然として未解決の問題が沢山ある様で，これが我々の身近になるのは未だ遠い将来であろう．だが理論的には QC による計算は，重要な研究分野として注目されている．

画期的なのは，整数分解問題 IFP に対する算法 [Sho94, Sho97] が提案されたことである．これは §5.1.2 に述べた通り，与えられた $n \in \mathbb{N}$ をサイズ $\lg n$ の二次式に比例する程度の時間で因数分解する．正確には多項式時間 $O\left(\lg^2 n \lg\lg n \lg\lg\lg n\right) = L_n[0,\ 2 + o(1)]$ **量子ビット演算量**である．更に 2001 年 12 月 19 日に，試験管内であるが 7 量子ビット QC として動作させて $n = 15 = 3 \times 5$ という IFP の解決に成功している [VSB$^+$01]．

5.5.2 原理と動作

簡単に量子計算機 QC とは何か述べる．**基底状態**は古典計算機と同じ

$$|0\rangle := \begin{pmatrix} 1 \\ 0 \end{pmatrix}, \quad |1\rangle := \begin{pmatrix} 0 \\ 1 \end{pmatrix}; \quad 即ち \ |b\rangle := \begin{pmatrix} 1-b \\ b \end{pmatrix} \ (b \in \mathbb{Z}/2),$$

二個だが，処理対象は基底状態の**重合せ状態**である**量子ビット**

$$\alpha_0 |0\rangle + \alpha_1 |1\rangle \qquad \left(\alpha_0, \alpha_1 \in \mathbb{C},\ |\alpha_0|^2 + |\alpha_1|^2 = 1\right)$$

となる. 量子ビット $N \in \mathbb{N}$ 個 $|\psi_i\rangle = \alpha_{0,i}|0\rangle + \alpha_{1,i}|1\rangle$ $(i \in \mathbb{Z}/N)$ を用意すれば, それらのテンソル積により $q := 2^N$ 次元ベクトル

$$|\psi_{N-1}\rangle \cdots |\psi_0\rangle := |\psi_{N-1}\rangle \otimes \cdots \otimes |\psi_0\rangle = \sum_{r \in \mathbb{Z}/q} \alpha_r |r\rangle$$

ができる. ただし, 各 $r = (r_{N-1} \cdots r_0)_2 \in \mathbb{Z}/q$ に対して

$$|r\rangle := |r_{N-1}\rangle \cdots |r_0\rangle, \qquad \alpha_r := \alpha_{r_{N-1}, N-1} \cdots \alpha_{r_0, 0}.$$

すると $|\alpha_0|^2 + \cdots + |\alpha_{q-1}|^2 = 1$ より基底 q 個の重合せ状態となる. これは**重合せの原理**による. 基本操作としては**時間発展**である**ユニタリ変換**

$$U|\psi_{N-1}\rangle \cdots |\psi_0\rangle \qquad \left(U \in \mathbb{U}(q) := \left\{ A \in \mathbb{C}^{q \times q} \mid {}^{\mathrm{T}}\overline{A}A = 1_q \right\}\right)$$

ができる [Sai76, 第 2 章, [6.4]]. これは**波動方程式**に相当する. もう一つ別に, 特殊操作としては**観測** (**測定**) が許されている. この観測を実行することによる効果としては, 各 $r \in \mathbb{Z}/q$ について

確率 $|\alpha_r|^2$ で**状態遷移** $|\psi_{N-1}\rangle \cdots |\psi_0\rangle \mapsto |r\rangle$ が発生

する. これは**波束収縮**の確率解釈による. 以上は**量子力学の公理**が保証するもので, これらの原理で動くものを QC という.

一般に, 一量子ビット変換 $U \in \mathbb{U}(2)$ に対し, 二量子ビット変換

$$\begin{pmatrix} 1_2 & 0_2 \\ 0_2 & U \end{pmatrix} |\psi_1\rangle |\psi_0\rangle$$

を**制御ビット** $|\psi_1\rangle$ **標的ビット** $|\psi_0\rangle$ の**制御** U, 三量子ビット変換

$$\begin{pmatrix} 1_6 & 0_{2,6} \\ 0_{6,2} & U \end{pmatrix} |\psi_2\rangle |\psi_1\rangle |\psi_0\rangle$$

を**制御ビット** $|\psi_2\rangle, |\psi_1\rangle$ **標的ビット** $|\psi_0\rangle$ の**制御制御** U という. 基本的な

$$\begin{pmatrix} 1_2 & 0_2 \\ 0_2 & X \end{pmatrix} |\psi_1\rangle |\psi_0\rangle, \qquad X := \begin{pmatrix} 0 & 1 \\ 1 & 0 \end{pmatrix},$$

は特に**制御ビット** $|\psi_1\rangle$ **標的ビット** $|\psi_0\rangle$ の**制御 NOT** という.

次の定理が QC に於る事実としては根本的に重要である:

定理 5.5.1. 全ての QC に於る (ユニタリ) 変換は制御 NOT と一量子ビット変換だけで構成できる. また QC の計算可能性は古典計算機と同等である.

5.5.3 計算量

観測は量子ビット数 $N \in \mathbb{N}$ に比例し計算量 $O(N)$ であろう. いくつか変換の量子ビット演算量をみる. 前 §5.5.2 の記号を用い $|\omega\rangle := |0\rangle + |1\rangle$ とする.
一量子ビット変換 $W \in \mathbb{U}(2)$ を $W|0\rangle = \sqrt{1/2}\,|\omega\rangle$ となる様に取り

$$\bigotimes_{i\in\mathbb{Z}/N} W \prod_{i\in\mathbb{Z}/N} |0\rangle = \prod_{i\in\mathbb{Z}/N} (W|0\rangle) = \frac{1}{\sqrt{q}} \sum_{r\in\mathbb{Z}/q} |r\rangle, \qquad q := 2^N, \quad (5.8)$$

と q 個の**重み均等重合せ状態**を $O(N)$ 量子ビット演算量で得る. 今 $\zeta := \exp(2\pi\sqrt{-1}/q)$ と置く. 各 $i \in \mathbb{Z}_{\geq 0}$ に対し変換 $V_i \in \mathbb{U}(2)$ を $V_i|0\rangle = \zeta^{2^i}|0\rangle$ となる様に取り制御ビット $|\psi_i\rangle := |\omega\rangle$ 標的ビット $|\psi\rangle := |0\rangle$ の制御 V_i を U_i と書くと $U_i|\psi_i\rangle|\psi\rangle = \left(\zeta^{0\cdot 2^i}|0\rangle + \zeta^{1\cdot 2^i}|1\rangle\right)|0\rangle$ である. 故に

$$\left(\prod_{i\in\mathbb{Z}/N} U_i\right) \frac{1}{\sqrt{q}} \sum_{r\in\mathbb{Z}/q} |r\rangle|0\rangle = \frac{1}{\sqrt{q}} \sum_{r\in\mathbb{Z}/q} \zeta^r |r\rangle|0\rangle$$

と q 個の**量子離散回転和変換**を $O(N)$ 量子ビット演算量で得る. ただし U_i は制御・標的ビットにだけ作用する. この様に N ビット $q = 2^N$ 個の変換が計算量 $O(N)$ なのが味噌である. 各 $i, j \in \mathbb{Z}/N$ で制御ビット $|\psi_i\rangle, |\psi_{N+j}\rangle$ 標的ビット $|\psi\rangle$ の制御制御 V_{i+j} を $U_{i,j}$ と書くと $U_{i,j}|\psi_i\rangle|\psi_{N+j}\rangle|\psi\rangle = \left(\zeta^{0\cdot 0\cdot 2^{i+j}}|0\rangle|0\rangle + \zeta^{0\cdot 1\cdot 2^{i+j}}|0\rangle|1\rangle + \zeta^{1\cdot 0\cdot 2^{i+j}}|1\rangle|0\rangle + \zeta^{1\cdot 1\cdot 2^{i+j}}|1\rangle|1\rangle\right)|0\rangle$ である. 故に, 今度は次節 §5.5.4 で重要な役割を果すものとして,

$$\left(\prod_{i,j\in\mathbb{Z}/N} U_{i,j}\right) \frac{1}{q} \sum_{r,s\in\mathbb{Z}/q} |r\rangle|s\rangle|0\rangle = \frac{1}{q} \sum_{r,s\in\mathbb{Z}/q} \zeta^{rs} |r\rangle|s\rangle|0\rangle \qquad (5.9)$$

と**絡合量子離散回転和変換**を $O(N^2)$ 量子ビット演算量で得る. ただし $U_{i,j}$ は制御・標的ビットにだけ作用する.

5.5.4 法 n での位数計算

さて再び IFP に話を戻そう．事前に部分問題を当然解いておき，分解する $n \in \mathbb{N} \setminus (2\mathbb{Z} \cup \mathbb{W} \cup \mathbb{P})$ に対して，適当な $z \in (\mathbb{Z}/n)^\times$ を取り，法 n での位数（の倍数）$c \in \mathbb{N}$ を計算する．もし $2 \mid c, x := z^{c/2} \not\equiv \pm 1 \pmod{n}$，ならば基本戦略成功で目的を達成する．実際 $x^2 \equiv 1 \pmod{n}$ だから $m \leftarrow x \pm 1$ として n の非自明な約数 $d \leftarrow \gcd(m, n)$ が得られる．これは SqDM の戦術に他ならない．しかしながら，一方で c の計算には，古典計算機では $\varphi(n) = {}^\#(\mathbb{Z}/n)^\times$ が未知ならば $z^s \bmod n$ ($s = 2, 3, 4, \ldots$) を順番に求めるしか一般に方法がなく，どうしても計算量が最悪 $O(n)$ BC 程度必要となってしまう．ところが，他方で注意 5.1.1 で述べた様に，古典計算機では $\varphi(n)$ を知ることは n の PF を知ることと同等である．これに対して，ありがたいことに QC では，重合せ状態の並列計算により z の法 n での位数 c が高速計算可能である．その過程は以下の様に進行する．

先ず $N := \lceil \lg n \rceil$ と置けば $n \leq q = 2^N$ だから $\mathbb{Z}/n \subseteq \mathbb{Z}/q$ であり，法 n による最小非負剰余は，完全に N 量子ビット基底状態 $|s\rangle$ ($s \in \mathbb{Z}/q$) の中に表現されている．そこで，前節 §5.5.3 を復習すると，先ず比較的容易に準備できる N 量子ビット基底状態 $|0\rangle \cdots |0\rangle$ を与え，これを (5.8) により重み均等重合せ状態に変換したものを二つ並べて補助量子ビット $|0\rangle$ を末尾に付け，それに対して (5.9) の絡合量子離散回転和変換をする．ここ迄の計算は $O(N + N^2) = O(N^2)$ 量子ビット演算量である．この後で法 n の冪を並列的に計算し位数を観測できることが知られている．詳しいアルゴリズムは原論文 [Sho94, VBE96, Sho97] に譲ることとして，少し正確さを欠くが大筋を説明する．未知位数 $c \in \mathbb{N}$ の $z \in (\mathbb{Z}/n)^\times$ を取る．このとき (5.9) で求められた状態から，法 n での z の並列冪状態への変換を

$$\frac{1}{q} \sum_{r, s \in \mathbb{Z}/q} \zeta^{rs} |r\rangle |s\rangle \longmapsto \frac{1}{q} \sum_{r, s \in \mathbb{Z}/q} \zeta^{rs} |r\rangle |z^s \bmod n\rangle$$

と，やはり僅か $O(N)$ 量子ビット演算量で得ることができる．この結果に対して，特殊操作である観測を最後に実行する．この測定によって，特定の $t \in \mathbb{Z}/q, u \in \mathbb{Z}/c$ で $|t\rangle |z^u \bmod n\rangle$ が観測される確率は，ここで

$$S := \{s \in \mathbb{Z}/q \mid z^s \equiv z^u \pmod{n}\} = u + cV, \quad V := \mathbb{Z} \Big/ \Big\lceil \frac{q-u}{c} \Big\rceil,$$

であることに注意をすると,次の u によらない値であることが判る:

$$\frac{1}{q^2}\Big|\sum_{s\in S} \zeta^{ts}\Big|^2 = \frac{1}{q^2}\Big|\sum_{v\in V} \zeta^{t(u+cv)}\Big|^2 = \frac{1}{q^2}\Big|\sum_{v\in V} (\zeta^{tc})^v\Big|^2.$$

今 $\zeta^{tc} = \exp(2\pi\sqrt{-1}\,tc/q)$ だから,この確率は $tc/q \in \mathbb{Z}$ の場合に最大で $(\sharp V/q)^2 \fallingdotseq 1/c^2$ となり,それ以外の場合は干渉により殆ど 0 に近くなる.従って,観測される状態 $|t\rangle|z^u \bmod n\rangle$ に於て,実際にピークとして $t \in (q/c)\mathbb{Z}$ の値が q/c 間隔で出現するので,この測定を何度か反復してみれば c を求めることができる.

注意 5.5.1. この IFP アルゴリズムは確率的であるが SqDM なので,測定により c が得られた場合には,一回の試行で成功する確率が $1/2$ 以上である.また,測定は $\lg\lg n$ 回程度すれば十分なことが判るので,時間計算量は $O(\lg^2 n \lg\lg n) = \tilde{O}(\lg^2 n)$ と多項式時間量子ビット演算量である.更に $q \geq n^2$ とすれば,一回の観測で良いことも既知である.領域計算量も,上述してきた様に $2N+1$ 量子ビットと n の桁数の倍程度で済む.

第6章

離散対数問題

前章の PF・IFP は 積から分解を求める 問題だが，これと双璧をなす 冪から冪根を求める，即ち或数の冪になる筈の数が実際に何乗か決める，問題を扱う．本章の良い参考書は [McC90, CP01, KFM95] 等である．

6.1 離散対数問題 DLP の意味

元来は有限素体の乗法群で考えられたが今は一般の代数系で扱われる．

a. 問題設定

乗法的な結合法則の成立つ代数系 —— **半群** —— G で $a, b \in G, n \in \mathbb{Z}$ が

$$a = b^n \tag{6.1}$$

を充すとき a には b を底とする**離散対数** (Discrete Logarithm) DL

$$\log_b a := n \in \mathbb{Z}$$

がある (定まる) という．一般に $\log_b a$ は唯一と限らないが恒等式

$$\log_b(ac) = \log_b a + \log_b c, \quad \log_b a = \log_b c \log_c a \quad (a, b, c \in G) \tag{6.2}$$

から 離散 対数と呼ばれる．ただし，いずれも右辺が定まれば左辺も定まり公式が成立するという意味である．式 (6.1) に関して次の問題が考えられる：

(i) 与えた b, n から a を求める．
(ii) 与えた a から b, n を探し，存在するとき b, n を求める．
(iii) 与えた a, b から n を探し，存在するとき n を求める．
(iv) 与えた a, b で n の存在が保証されているものから n を求める．

このうち (i) は §1.4.1 の冪法で簡単である．そして (ii) は §1.4.2 の冪検出で，これが常に解けるなら (iii) も解ける．明かに (iv) は (iii) の一部である．既に §1.4.2 で見た様に (ii) が容易なときもあるが，最も易しい (iv) ですら一般には難しい．通常では**離散対数問題** (**Discrete Logarithm Problem**) **DLP** とは (iii) や (iv) のことをいう．暗号理論等の応用に於て興味があるのは (iv) の方で，しかも多くの場合 G は群で b は位数有限である．このとき $a \in \langle b \rangle$ だから最初から $G = \langle b \rangle$ として一般性を失わない．また n は位数 $N := {}^{\#}G$ を法として定まるから最小正剰余を取り

$$\mathrm{Log}_b a := \min\{n \in \mathbb{N}_{\leq N} \mid a = b^n\}$$

と書く．まとめると，本章では $\mathrm{mod}\, N$ は最小正剰余で DLP とは

$$\text{有限巡回群 } G \text{ で生成元 } b \text{ と } a \in G \text{ を与え } \mathrm{Log}_b a \text{ を求める}$$

問題とする．単位元 $a = 1$ なら G の未知位数 $N = \mathrm{Log}_b 1$ が求まる．以下，整数 1 ビット演算量 BC を B_1，一回の G 演算 (乗算と逆元) 計算量を M で表す．計算可能な単射 $\iota : G \to \mathbb{Z}$ があれば，一つの ι の像計算量を I で表す．通常 M, I は N に依存し，計算量は N の関数で評価する．

6.2 普遍的 ρ 法，BSGS と GOFM

特別な性質を持たない G でも適用できる方法を説明する．

6.2.1 試し掛算

すぐ思い付くのは順次 $b^i = a$ ($i = 1, 2, \ldots$) を試す素朴な方法である．

算法 6.2.1 (試し掛算). 仮定と記号は上の通りとする．

入力 底 b, 目標 a.

出力 離散対数 $\mathrm{Log}_b a$.

手順 (i) 初期化 $(c, i) \leftarrow (b, 1)$.

(ii) もし $c = a$ なら $\mathrm{Log}_b a \leftarrow i$ を出力して終了，さもなくば (c, i)

$\leftarrow (cb, i+1)$ として反復.

これは常に利用可能な決定性アルゴリズムだが, いつ $b^i = a$ になるか判らないので, 冪計算は途中の計算が省けず §1.4.1 の効率的冪法 RS や AC を適用できない. 最悪 $N-1$ 回乗算が必要で計算量は高々

$$(N-1)M. \tag{6.3}$$

例 6.2.1. もし $p \in \mathbb{P}_{>2}$ を法とする既約剰余類群 $G = (\mathbb{Z}/p)^\times$ ならば $N = p-1$ だから, 注意 2.2.1 から $M = \tilde{O}(\lg p)B_1$ で, その計算量は

$$(p-2)\tilde{O}(\lg p) = \tilde{O}(p)$$

BC である. もし $p = 13, b = 2, a = 10$ なら (例 2.2.7 参照) G で

$$2^1 = 2, 2^2 = 4, 2^3 = 8, 2^4 = 16 = 3, \ldots, 2^{10} = 10$$

だから $\mathrm{Log}_2 10 = 10$ が 9 回の合同式乗算で得られる.

注意 6.2.1. この試し掛算は, もし b が位数有限でさえあれば, より困難な離散対数問題である前 §6.1 の問題 (iii) をも解決する.

6.2.2 ρ 法

一様に G で分布する数列 $c_i = a^{m_i} b^{n_i} \in G$ $(i \in \mathbb{N})$ を生成する. ここでは $N = {}^\sharp G \in \mathbb{N}$ は既知で G が同程度の大きさの S, T, U に三分割

$$G = S \cup T \cup U, \quad S \cap T = T \cap U = U \cap S = \emptyset$$

できるとする. 全単射 $\iota : G \to \mathbb{N}_{\leq N}$ があれば, 次の様にすれば良い:

$$S := \iota^{-1}\left(\mathbb{N}_{\leq N/3}\right), \quad T := \iota^{-1}\left(\mathbb{N}_{\leq 2N/3}\right) \setminus S, \quad U := G \setminus S \setminus T.$$

そこで $(g, x, y) \in G \times \mathbb{Z}^2$ に対して, 次式で関数 f を定義する:

$$f(g, x, y) := \begin{cases} (ag, x+1 \bmod N, y) & (g \in S), \\ (g^2, x+x \bmod N, y+y \bmod N) & (g \in T), \\ (bg, x, y+1 \bmod N) & (g \in U). \end{cases}$$

初項 $(c_1, m_1, n_1) \leftarrow (1, 0, 0)$ と $(c_{i+1}, m_{i+1}, n_{i+1}) \leftarrow f(c_i, m_i, n_i)$ で定めた数列 $c_i = a^{m_i} b^{n_i} \in G$ の周期を §5.2.1 の兎亀算法で求めると，早晩 $c_i = c_{2i}$ なる $i = O\left(N^{1/2}\right)$ が高確率で見付かる．このとき $(m_i - m_{2i}) \mathrm{Log}_b a \equiv n_{2i} - n_i \pmod{N}$ だから，もし $m := \gcd(m_i - m_{2i}, N) = 1$ なら離散対数 $\mathrm{Log}_b a \equiv (m_i - m_{2i})^{-1}(n_{2i} - n_i) \pmod{N}$ が求まる．(小さい $m > 1$ のときも，命題 2.1.1 を使えば $(\mathrm{Log}_b a) \bmod (N/m)$ から DL を得る．)

算法 6.2.2 (ρ 法). [Pol78] 仮定と記号は上の通りとする．
入力 底 b, 目標 a, 分割 $G = S \cup T \cup U$, $1 \in S$, および反復回数 $i \in \mathbb{N}$.
出力 離散対数 $\mathrm{Log}_b a$, あるいは判断「a の b を底とする離散対数計算不成功」．
手順 (i) 初項 $(c, m, n) \leftarrow (1, 0, 0)$, 第二項 $(d, j, k) \leftarrow (a, 1, 0)$.
(ii) 以下を i 回反復：
もし $c = d$ で更に $\gcd(m - j, N) = 1$ となるなら $\mathrm{Log}_b a \leftarrow (m - j)^{-1}(k - n) \bmod N$ を出力して終了，さもなくば $((c, m, n), (d, j, k)) \leftarrow \left(f(c, m, n), f^2(d, j, k)\right)$ として反復．
(iii) 「a の b を底とする離散対数計算不成功」と判断して終了．

この算法 6.2.2 は確率的アルゴリズムであるが，一つの関数値 $f(g, x, y)$ の計算量は高々 $I + M + 4(\lg N) B_1$ だから，注意 2.2.1 より最後の合同式を解く段階も込めて，総計算量は

$$O\left(N^{1/2}\right)(I + M) + O\left(N^{1/2} \lg N\right) B_1 \tag{6.4}$$

であり (6.3) より優れている．しかも §5.2.1 で述べた様に，これは領域計算量が一定 $O(1)$ なのが最大の利点である．

例 6.2.2. 例 6.2.1 同様 $G = (\mathbb{Z}/p)^\times$ のときは，恒等写像 $\iota := \mathrm{id}_\mathbb{Z}$ で良いから $I = 0$ である．ただし $S := \mathbb{N}_{<p/3}$, $T := \mathbb{N}_{<2p/3} \setminus S$, $U := G \setminus S \setminus T$ とする．また $M = \tilde{O}(\lg p) B_1$ である．故に (6.4) から計算量は

$$O\left(p^{1/2}\right) \tilde{O}(\lg p) + O\left(p^{1/2} \lg p\right) = \tilde{O}\left(p^{1/2}\right)$$

BC である．もし $p = 13, b = 2, a = 10$ ならば

$$S = \{1, 2, 3, 4\}, \quad T = \{5, 6, 7, 8\}, \quad U = \{9, 10, 11, 12\}$$

なので, 数列 (c_i, m_i, n_i) を計算すると, 順に

$$(1, 0, 0), \ (10, 1, 0), \ (10 \cdot 2 = 7, 1, 1), \ (7^2 = 10, 2, 2)$$

となるから $c_2 = c_4$ で

$$\mathrm{Log}_2 10 = (1-2)^{-1}(2-0) \equiv (-1)^{-1} 2 \equiv -2 \equiv 10 \pmod{12}$$

が僅か 2 回の合同式乗算と 1 回の法 N の合同式逆元乗算で得られる.

注意 6.2.2. 変種として [CP01, §§5.2.2–3] に分散処理の考えを含む**カンガルー法** (**λ 法**) [Pol78] が説明されている.

6.2.3 小股大股法

位数 $N = {}^\sharp G$ が不明でも, その上界 $B \geq N$ さえ判れば適用できる普遍的手段がある. それは, 目標 a の周辺を小股で歩く子を, 大股で歩いて探す親を連想した, **小股大股法** (**Baby Step Giant Step**) **BSGS** である. このとき $m := \lceil B^{1/2} \rceil$ とすれば DL は $\mathrm{Log}_b a \in \mathbb{N}_{\leq N} \subseteq \mathbb{N}_{\leq B} \subseteq \mathbb{N}_{\leq m^2}$ だから, 或 $Q \in \mathbb{Z}/m$, $R \in \mathbb{N}_{\leq m}$ により,

$$\mathrm{Log}_b a + Q = mR$$

と書ける. ここで小股が Q で大股が mR に相当する. つまり ab^Q $(Q \in \mathbb{Z}/m)$ の中に, 必ず或 $R \in \mathbb{N}_{\leq m}$ に於て $(b^m)^R$ に一致するものが存在する筈なので, それを探せば良い. 探索効率向上のために群の元を整列可能にする単射 $\iota: G \to \mathbb{Z}$ があるとするが, そうでなくても理論的にはできる.

算法 6.2.3 (BSGS). [Sha71] 仮定と記号は上の通りとする.

入力 底 b, 目標 a と大股の一歩 m.

出力 離散対数 $\mathrm{Log}_b a$.

手順 (i) 初期化 $S \leftarrow \{\iota(ab^Q) \mid Q \in \mathbb{Z}/m\}$, $c \leftarrow ab^m a^{-1}$ ($= b^m$).

(ii) 適当な高速アルゴリズムで S を整列.

(iii) 各 $R \leftarrow 1, \ldots, m$ に対して以下を反復:

もし S 内に $\iota(c^R)$ を探して或 $Q \in \mathbb{Z}/m$ で $\iota(c^R) = \iota(ab^Q)$ なら $\text{Log}_b a \leftarrow mR - Q$ を出力して終了, さもなくば反復.

この算法 6.2.3 BSGS は, 前 ρ 法と違い, 決定性アルゴリズムなのがありがたい. しかも N が不明でも上界 B さえ既知なら適用できる. その上 $B \geq N$ かどうか不明でも, 適当な B から始めて B を段々大きくしていけば, いずれは成功する. 最大の弱点は**領域計算量**が 14 頁の記号で

$$m = \Omega\left(N^{1/2}\right)$$

程度は必要になることである. では**時間計算量**はどうだろうか. 先ず初期化は $mI + (m+2)M$ かかる. 次に整列は [CLR90b] 等にある高速整列法で $O(m \lg m)C$ かかる. ただし C は一回のデータ比較・移動に必要な時間とする. 最後の反復は, 計算が最悪 $mI + (m-1)M$ で, 探索が著名な**二分探索**により $mO(\lg m)C$ かかる. 合計すると, 写像計算と演算に $2mI + (2m+1)M$, 整列と探索に $O(m \lg m)C$ かかる. したがって, 総計算量は

$$2mI + (2m+1)M + O(m \lg m)C$$

となる. もし評価 $B \geq N$ が良ければ, 例えば

$$B = O(N) \implies O\left(N^{1/2}\right)(I + M) + O\left(N^{1/2} \lg N\right)C \qquad (6.5)$$

となり, これは (6.4) に負けない. もし整列しないで探索すると, 計算量 (6.5) に於て I は不要だが, その代り探索時間が最悪 $O(N)C$ となってしまう. これは, どの程度 M が C より大きいかにもよるが, どうしても N に比例してしまい, 素朴な試し掛算の計算量 (6.3) に負ける場合さえある.

注意 6.2.3. 一般に $ab^Q = c^R$ なる (Q, R) は一組と限らないが Q の昇順に計算しているので, 必ず法 N の最小正剰余 DL が得られる. 同じ b に対して何度も a を取り替えて離散対数問題 DLP を解くときには, 事前に $L \leftarrow \{\iota(c^R) \mid R \in \mathbb{N}_{\leq m}\}$ を求めておけば計算量が減らせる. この場合 L も整列すれば有効な探索ができるが, 法 N の最小正剰余 DL が得られないときもある. なお BSGS は決定性なので注意 6.2.1 と同じことがいえる.

例 6.2.3. 例 6.2.1, 6.2.2 と同様 $G = (\mathbb{Z}/p)^\times$ で $\iota := \mathrm{id}_\mathbb{Z}$, $I = 0$, また $B := N = p - 1$ とする. 仮に $C = O(B_1)$ なら $M = \tilde{O}(\lg p)$ と (6.5) から計算量は

$$O\left(p^{1/2}\right)\left(\tilde{O}(\lg p)\right) + O\left(p^{1/2}\lg p\right) = \tilde{O}\left(p^{1/2}\right)$$

BC である. もし $p = 13, b = 2, a = 10$ ならば $m = 4$ なので

Q	0	1	2	3
$S \ni ab^Q$	10	7	1	2

$\implies$ (整列)

Q	2	3	1	0
$S \ni ab^Q$	1	2	7	10

である. (この例では整列は殆ど意味を持たないが, 算法 6.2.3 BSGS に忠実に書いている.) また $c \leftarrow b^m = 2 \cdot 10^{-1} \cdot 2 = 3$ だから, 順次

$$R \leftarrow 1, c^R = 3 \notin S, \qquad R \leftarrow 2, c^R = 9 \notin S,$$
$$R \leftarrow 3, c^R = 1 = ab^2 \in S \implies Q \leftarrow 2,$$
$$\mathrm{Log}_2 10 \leftarrow mR - Q = 4 \times 3 - 2 = 10$$

が得られる. ここでは 1 回の合同式逆元演算と 7 回の合同式乗算をしている.

注意 6.2.4. この BSGS は非常に適用範囲が広く, しかも決定性アルゴリズムなので, 前に 116 頁で触れた**類群法**等, 整数分解問題でも利用される. 文献は [Coh93, §5.4.1] や [CP01, §§5.3, 5.6, 7.5] 等が挙げられる.

6.2.4 群位数分解法

ここでは位数 $N = {}^\#G$ だけでなく, その素因数分解 PF も既知とする:

$$N = \prod_{q \in S} q^{e(q)} = \prod_{q \in \mathbb{P}} q^{e(q)}.$$

ただし S と $e(q)$ ($q \in \mathbb{P}$) は, 定理 1.2.2 の通りである. 今 116 頁の意味で滑かな N の PF は容易なので, そのときに有効な方法である. 方針としては, 各素因数 $q \in S$ の q 進表記 q XP を利用して離散対数 DL を法 $q^{e(q)}$ で求め, 最後に定理 2.2.3 (互に素な法の剰余定理) CPMRT により DL を法 N で求める. 有限巡回群の互に素な素冪位数巡回部分群への直積分解

$$G = \langle b \rangle = \prod_{q \in S} \left\langle b^{N/q^{e(q)}} \right\rangle \quad \left(\text{即ち } \mathbb{Z}/N \simeq \bigoplus_{q \in S} \mathbb{Z}/q^{e(q)} \right)$$

を理論的基礎としている. 絶対に N の PF が必要なので**群位数分解法** (**Group Order Factoring Method**) **GOFM** と呼ぶことにする.

算法 6.2.4 (GOFM). [PH78] 仮定と記号は上の通りとする.
入力 底 b, 目標 a および位数 N の PF を与える S と $e(q)$ $(q \in S)$.
出力 離散対数 $\mathrm{Log}_b a$.
手順 (i) 初期化 $c \leftarrow b^{-1}$ をして, 各 $q \in S$ に対して以下を反復:
  (a) 順次 $L \leftarrow N/q$, $d \leftarrow b^L$, $(T, f, g) \leftarrow (\{d^i \mid i \in \mathbb{Z}/q\}, a, c)$.
  (b) 各 $j \leftarrow 0, \ldots, e(q)-1$ に対して, 以下を反復:
   先ず T 内に f^L を探し $f^L = d^{x_j}$ なる $x_j \in \mathbb{Z}/q$ を取る. もし $j < e(q)-1$ なら $(L, f) \leftarrow (L/q, fg^{x_j})$, もし更に $j < e(q)-2$ なら $g \leftarrow g^q$.
  (c) 法 $N_q \leftarrow q^{e(q)}$ と DL の剰余 $y_q \leftarrow (x_{e(q)-1}, \ldots, x_1, x_0)_q$.
 (ii) 算法 2.2.1 CPMRT により $\mathrm{Log}_b a \equiv y_q \pmod{N_q}$ $(q \in S)$ なる $\mathrm{Log}_b a \bmod N$ を出力して終了.

この算法 6.2.4 GOFM は決定性アルゴリズムだが, 位数 N の PF が不明なら何の役にも立たない. しかし N が滑かなら大いに有効で, そのときは q が小さいから T を探索のために整列しなくて良い. したがって単射 $\iota: G \to \mathbb{Z}$ も必要ない. (手順を変更して T の計算をせず BSGS か ρ 法で $x_j \equiv \mathrm{Log}_d (f^L)$ $\pmod q$ を求めることもできるが, 十分 q が小さい場合は, この T を全数探索する方が良い.) これ迄と似た様な道筋で計算量を評価するために $e_q := e(q)$ $(q \in S)$ と書こう. 先ず G の演算回数は, 高々

6.2 普遍的 ρ 法, BSGS と GOFM

$$1 + \sum_{q \in S}\left(2\lg\frac{N}{q} + q - 1 + \sum_{j=1}^{e_q} 2\lg\frac{N}{q^j} + (e_q - 1)(4\lg q + 1)\right) - \sum_{\substack{q \in S \\ e_q > 1}} 2\lg q$$

$$\leq \sum_{q \in S}((2e_q + 2)\lg N + q) = O\left(\sum_{q \in S}(e_q \lg N + q)\right) \qquad (6.6)$$

となる. また CPMRT 以外の整数演算は, 高々

$$\tilde{O}\left(\sum_{q \in S}\left(\lg N + 2e_q \lg e_q \lg q + \sum_{j=1}^{e_q - 1}\left(\lg\frac{N}{q^j} + \lg q^j + \lg q^{j+1}\right)\right)\right)B_1$$

$$= \tilde{O}\left(\sum_{q \in S}\left(e_q \lg N + e_q^2 \lg q\right)\right)B_1 = \tilde{O}\left(\sum_{q \in S} e_q \lg N\right)B_1$$

である. そして CPMRT を (2.10) で評価すれば

$$\tilde{O}\left(\sum_{q \in S} e_q \lg N\right)B_1 + \tilde{O}\left(\left(^\sharp S - 1\right)\lg N\right)B_1 = \tilde{O}\left(\sum_{q \in S} e_q \lg N\right)B_1$$

が整数演算合計となる. 最後に T 内の探索時間も込めた総計算量は

$$O\left(\sum_{q \in S}(e_q \lg N + q)\right)M + \tilde{O}\left(\sum_{q \in S} e_q \lg N\right)B_1 + \left(\sum_{q \in S} q\right)C \qquad (6.7)$$

となる. ただし C は G で一回のデータ比較に必要な時間とする. 例えば N が或 $k \in \mathbb{N}$ に対して $\underline{O\left(\lg^k N\right)}$ 滑か, 即ち $q = O\left(\lg^k N\right)$ $(q \in S)$, ならば

$$O\left(\lg^{k+1} N\right)M + \tilde{O}\left(\lg^{k+1} N\right)B_1 + O\left(\lg^{k+1} N\right)C$$

と N のサイズ $\lg N$ の多項式で評価され, 十分大きい N に対しては以前の (6.3), (6.4), (6.5) より優れている. なお (6.6) の最左辺の式は, この GOFM による群演算回数の極めて精密な評価を与えている.

注意 6.2.5. 同じ b に対して何度も a を取り替えて離散対数問題 DLP を解くときには c と T $(q \in S)$ の計算は一回で十分であり, また L, g の計算も工夫できる. また GOFM は決定性なので注意 6.2.1 と同じことがいえる.

例 6.2.4. 例 6.2.1, 6.2.2, 6.2.3 と同様 $G = (\mathbb{Z}/p)^{\times}$ で $N = p-1$ とする. 仮に $C = O(B_1)$ なら $M = \tilde{O}(\lg p)$ と (6.7) から計算量は

$$\tilde{O}\left(\sum_{q \in S}\left(e_q \lg^2 p + q \lg p\right)\right) + O\left(\sum_{q \in S} q\right) = \tilde{O}\left(\sum_{q \in S}\left(e_q \lg^2 p + q \lg p\right)\right)$$

BC である. もし $p = 13, b = 2, a = 10$ ならば $N = p - 1 = 12 = 2^2 \cdot 3, S = \{2, 3\}, e(2) = 2, e(3) = 1$ で $c \leftarrow b^{-1} = 7$. 故に

$$q = 2 \implies L \leftarrow N/q = 6, d \leftarrow b^L = 12,$$
$$(T, f, g) \leftarrow (\{d^0 = 1, d^1 = 12\}, 10, 7);$$
$$j \leftarrow 0, f^L = 1 = d^0 \implies x_0 \leftarrow 0,$$
$$(L, f) \leftarrow (L/q = 3, fg^{x_0} = 10)$$
$$j \leftarrow 1, f^L = 12 = d^1 \implies x_1 \leftarrow 1;$$
$$N_q \leftarrow q^{e(q)} = 4, y_q \leftarrow x_1 q + x_0 = 2.$$
$$q = 3 \implies L \leftarrow N/q = 4, d \leftarrow b^L = 3,$$
$$(T, f, g) \leftarrow (\{d^0 = 1, d^1 = 3, d^2 = 9\}, 10, 7);$$
$$j \leftarrow 0, f^L = 3 = d^1 \implies x_0 \leftarrow 1;$$
$$N_q \leftarrow q^{e(q)} = 3, y_q \leftarrow x_0 = 1.$$

そこで $y \equiv y_2 = 2 \pmod{4}, y \equiv y_3 = 1 \pmod{3}$ を解いて $\mathrm{Log}_a b \leftarrow 10 \pmod{12}$ が得られる. ここでは 15 回の法 p での乗算をしており, この程度の N では効率が悪い. もし $p = 17, b = 3, a = 12$ ならば $N = p - 1 = 16 = 2^4, S = \{2\}, e(2) = 4$ で $c \leftarrow b^{-1} = 6$. 故に $q = 2$ のみで得られる:

$$L \leftarrow N/q = 8, d \leftarrow b^L = 16,$$
$$(T, f, g) \leftarrow (\{d^0 = 1, d^1 = 16\}, 12, 6);$$
$$j \leftarrow 0, f^L = 16 = d^1 \implies x_0 \leftarrow 1,$$
$$(L, f, g) \leftarrow (L/q = 4, fg^{x_0} = 4, g^q = 2)$$
$$j \leftarrow 1, f^L = 1 = d^0 \implies x_1 \leftarrow 0,$$

$$(L, f, g) \leftarrow (L/q = 2, fg^{x_1} = 4, g^q = 4)$$
$$j \leftarrow 2, f^L = 16 = d^1 \implies x_2 \leftarrow 1,$$
$$(L, f) \leftarrow (L/q = 1, fg^{x_2} = 16)$$
$$j \leftarrow 3, f^L = 16 = d^1 \implies x_3 \leftarrow 1;$$
$$\mathrm{Log}_b a = y_q \leftarrow ((x_3 q + x_2) x_1) q + x_0 = 13.$$

6.3 特殊な群に通用する ICM

何らかの "小さい" という概念を G が持つときに有効な方法を紹介する.

6.3.1 指数計算法の算法図式

先ず, 半群 G の離散対数 DL を少し拡張しておく (§5.3.2 の XDLP 参照). 今 $g \in G, J \subseteq G, s := {}^\sharp J \in \mathbb{N}, n_j \in \mathbb{Z}\ (j \in J)$ が

$$g = \prod_{j \in J} j^{n_j}$$

を充すとき §6.1 の拡張として g には J を底とする**拡張離散対数** (e**X**tended **D**iscrete **L**ogarithm) **XDL** (より一般には [Coh00, Definition 4.1.4])

$$\log_J g := (n_j)_{j \in J} \in \mathbb{Z}^s$$

がある (定まる) という. 全ての $j \in J$ の $b \in G$ を底とする DL があるとき

$$\log_b J \cdot \log_J g := \sum_{j \in J} n_j \log_b j = \log_b g, \ \log_b J := (\log_b j)_{j \in J} \in \mathbb{Z}^s \quad (6.8)$$

が (6.2) から成立つ (**内積公式**). これに関して次の**拡張離散対数問題** (e**X**tended **D**iscrete **L**ogarithm **P**roblem) **XDLP** を考える:

与えた g, J から $n_j\ (j \in J)$ を探し, 存在するとき $n_j\ (j \in J)$ を求める.

この XDLP が 比較的容易に解ける J を G の**因子基底**といい J の元達は "**小さい**" という. 更に "小さい" 元達の積を $\boldsymbol{J}$ **滑か**という.

再び, 巡回群 G で $a \in G = \langle b \rangle$ から $\mathrm{Log}_b a$ を求める DLP に戻る. 以下 $N = {}^\sharp G$ は既知で J を G の因子基底として DLP を解く**指数計算法 (Index Calculus Method) ICM** (あるいは**因子基底法**) の戦術を要約する:

(i) 沢山の J 滑かな $g \in G$ を探し XDL である $\log_J g$ を求める.

(ii) それを利用して J の DL である $\mathrm{Log}_b J := (\mathrm{Log}_b j)_{j \in J}$ を求める.

(iii) 或 J 滑かな $h \leftarrow ab^Q, Q \in \mathbb{Z}$, を探し XDL である $\log_J h$ を求める.

(iv) 内積公式 (6.8) から a の DL は $\mathrm{Log}_b a \leftarrow \mathrm{Log}_b J \cdot \log_J h - Q \bmod N$.

この ICM は確率的アルゴリズムで, 実際 (ii) ができるほど沢山の J 滑かな元が (i) で収集可能か, また (iii) が可能か, これが成功の鍵を握る. なお (i) は (ii) の準備なので直接 $\mathrm{Log}_b J$ が求まるならば必要ない.

例 6.3.1. 特に $s = 1, J = \{j\}$ の計算過程を見る: (i) 或 $i \in \mathbb{N}_{<N}$ で J 滑かな $g \leftarrow b^i$ を探し $v \leftarrow \log_j g$ とする. もし $\gcd(v, N) > 1$ なら探し直す. (ii) 式 (6.2) より $m \leftarrow \mathrm{Log}_b j = v^{-1} i \bmod N$ とする. (iii) 或 $Q \in \mathbb{Z}$ で J 滑かな $h \leftarrow ab^Q$ を探し $R \leftarrow \log_j h$ とする. (iv) 故に $\mathrm{Log}_b a \leftarrow mR - Q \bmod N$ が求まる. 以上である. 初めから何か $m \in \mathbb{Z}$ を取り $j \leftarrow b^m$ とすれば (i), (ii) はなくて良いが "小さい" j でなければ (iii) ができない. 例えば $m \leftarrow \lceil N^{1/2} \rceil$ なら BSGS に他ならず計算量が $\lg N$ の指数時間となってしまう. なお, 過程 (i), (ii) が ρ 法と似ていることも別に注意しておく.

具体的な DLP を解く ICM の図式は次の通りである:

Step 1. 適切な 因子基底 $J \subseteq G \setminus \{1\}, s := {}^\sharp J \in \mathbb{N},$ を選択 する.

Step 2. 適当に 独立で J 滑かな乗法的線型関係 V を収集する, 即ち s 個の J 滑かで乗法的に独立な G の元を探しベクトル集合 V を取る:

$$V \subseteq \left\{ v = (v_j)_{j \in J} \in \mathbb{Z}^s \;\middle|\; \prod_{j \in J} j^{v_j} = b^{\ell_v}, \ell_v \in \mathbb{Z} \right\}, \qquad {}^\sharp V = s,$$

$[V \bmod N] = (\mathbb{Z}/N)^s$, 即ち $\gcd(\det(v)_{v \in V}, N) = 1$.

例えば, 勝手な $\ell \in \mathbb{N}_{<N}$ で J 滑かな $g \leftarrow b^\ell$ を探し $\log_J g$ が $\mathbb{Z}/N$ 上線型独立なものを s 個を取れば良い. これは上記 (i) に相当する.

Step 3. 内積公式 (6.8) により, 法 N の<u>正則連立 s 元線型合同式</u>
$$v \cdot X \equiv \ell_v \pmod{N} \quad (X \in (\mathbb{Z}/N)^s) \qquad (v \in V)$$
の解 $X = \mathrm{Log}_b J$ として $m \leftarrow \mathrm{Log}_b J$ を得る. これは上記 (ii) に相当する.

Step 4. <u>特定の J 滑かな乗法的線型関係</u>を得る, 即ち勝手な $Q \in \mathbb{Z}$ で J 滑かな $h \leftarrow ab^Q$ を探し $R \leftarrow \log_J h$. これは上記 (iii) に相当する.

Step 5. 内積公式と DL の性質 (6.2) により $\mathrm{Log}_b a \leftarrow m \cdot R - Q \bmod N$ を得る. これは上記 (iv) に相当する.

以上から DLP の ICM の算法図式は §5.3.2 の整数分解問題 IFP の ICM の算法図式と, 特に Steps 1, 2 が, 酷似しており, それに関しては §6.4 で述べる. 同じ b に対して何度も a を取り替えて DLP を解くならば Steps 2, 3 は一回で十分である. もし b 自身が "小さい" と DLP は簡単だから通常 $b \notin J$ だが, 仮に $\mathrm{Log}_b J$ だけ §6.2 の方法等ですぐ判れば既述した様に Steps 2, 3 は必要ない. 手順で Step 4 を先行し実際に h の積に現れる J の元達だけを改めて J として Steps 2, 3 を実行してもよい. 最重要点は Step 1 の因子基底選択の適切性で計算量に影響を及ぼす. 次節以降 G が有限体の乗法群のとき Steps 2, 4 で XDLP を解き $\log_J g, \log_J h$ を求める手法を二つ紹介する. このときは ICM の計算量が $\lg N$ の<u>準指数時間</u>となる. しかし ICM は有限体上の楕円曲線の群等の "小さい" という概念が定義されてない G には通用しない. それが**楕円曲線離散対数問題** (**Elliptic Curve Discrete Logarithm Problem**) ECDLP の困難性に依拠した暗号を盛んにしている理由の一つでもある.

6.3.2 有限体への適用

先ず標数 $p \in \mathbb{P}$ の有限素体乗法群 $G = (\mathbb{Z}/p)^\times$, $N = p - 1$, を考える.

因子基底　Step 1 で"小さい"数とは除算が容易な普通に絶対値の小さい数として, 適切な小さい $B \in \mathbb{N}$ に対し $J \leftarrow \mathbb{P}_{\leq B}$ を取る.

乗法的線型関係　Steps 2, 4 は J の元による試し割算で良い. 剰余 $b^\ell \bmod p$, $ab^Q \bmod p$ も小さい方が良いが, 必要なら ICM の ρ 法や ECM を用いる. Step 2 で J 滑かな $b^\ell \bmod p$ の探索に篩は使えず, 逆に篩で J 滑かな $g \in G$ を得ても $\mathrm{Log}_b g$ を求める別の DLP を解くことになる.

連立線型合同式　Step 2 で V の線型独立性を確めず, Step 3 で線型代数により合同式を解く途中で線型独立でなければ式を追加すれば良い. Step 3 は N の素因子を標数とする有限素体上の計算, その素冪因子への持上げ, 算法 2.2.1 CPMRT で行う. 分解困難な N は擬素数 (§5.1.1) として解き, それが失敗すれば N の分解が得られるので良い.

計算量　式 (5.1) で表すと, もし $B \leftarrow L_p[1/2, 1/2]$ で Step 2 が試し割算なら $L_p[1/2, 2+o(1)]$ BC となり, もし $B \leftarrow L_p[1/2, 1/\sqrt{2}]$ で Step 2 が ECM なら $L_p[1/2, \sqrt{2}+o(1)]$ BC となる [CP01, §6.4.1].

例 6.3.2. 前節 §6.2 の例と同じ $p = 13$, $N = 12$, $b = 2$, $a = 10$ のとき, もし $B \leftarrow 3$ とすれば $J \leftarrow \{2, 3\}$, $s \leftarrow 2$. 例えば b^1, b^2 に対して

$$b^1 = 2 \equiv 2^1 \cdot 3^0, \quad b^2 = 4 \equiv 2^2 \cdot 3^0 \pmod{p}$$

と s 個の J 滑かな乗法的線型関係が出てくるから, 合同式

$$1\,\mathrm{Log}_b 2 + 0\,\mathrm{Log}_b 3 \equiv 1, \quad 2\,\mathrm{Log}_b 2 + 0\,\mathrm{Log}_b 3 \equiv 2 \pmod{N}$$

が求まる. しかし, これでは明かに $\mathrm{Log}_b 3$ が求まらないので

$$b^3 = 8 \equiv 2^3 \cdot 3^0, \quad b^4 = 16 \equiv 3 = 2^0 \cdot 3^1 \pmod{p}$$

を見て, 新たに b^4 を追加して合同式

$$0\,\mathrm{Log}_b 2 + 1\,\mathrm{Log}_b 3 \equiv 4 \pmod{N}$$

を得る. そこで連立線型合同式を解いて

6.3 特殊な群に通用する ICM

$$m \leftarrow \mathrm{Log}_b J = (\mathrm{Log}_b 2, \mathrm{Log}_b 3) = (1, 4)$$

とする. 次に $Q \leftarrow 5$ なら

$$h \leftarrow ab^Q = 10 \cdot 32 \equiv 8 = 2^3 \cdot 3^0 \pmod p$$

は J 滑かで $R \leftarrow \log_J h = (3, 0)$ とする. 故に a の b を底とする DL は

$$\mathrm{Log}_b a \leftarrow m \cdot R - Q = (1, 4) \cdot (3, 0) - 5 = -2 \equiv 10 \pmod N.$$

以上は計算の流れの説明のためで非現実的だから, もう一つ $p = 1031$, $N = 1030$, $b = 14$, $a = 667$ のときを考える. もし $B \leftarrow \lfloor L_p[1/2, 1/2] \rfloor = 6$ ならば $J \leftarrow \{2, 3, 5\}$, $s \leftarrow 3$. 例えば b^{150}, b^{494}, b^{628} に対して

$$b^{150} \equiv 2^1 \cdot 3^0 \cdot 5^1, \quad b^{494} \equiv 2^1 \cdot 3^1 \cdot 5^3, \quad b^{628} \equiv 2^5 \cdot 3^0 \cdot 5^2 \pmod p$$

と s 個の J 滑かな乗法的線型関係があり, 連立線型合同式を解いて

$$m \leftarrow \mathrm{Log}_b J = (\mathrm{Log}_b 2, \mathrm{Log}_b 3, \mathrm{Log}_b 5) = (796, 606, 384)$$

とする. 次に $Q \leftarrow 196$ なら $h \leftarrow ab^Q \equiv 2^0 \cdot 3^2 \cdot 5^0 \pmod p$ は J 滑かで $R \leftarrow \log_J h = (0, 2, 0)$ とする. 故に

$$\mathrm{Log}_b a \leftarrow m \cdot R - Q = (796, 606, 384) \cdot (0, 2, 0) - 196 = 1016$$

が得られる. 実際 $b^{1016} = 14^{1016} \equiv 667 = a \pmod p$ が確認できる.

有限素体 $F := \mathbb{F}_p = \mathbb{Z}/p$, $p \in \mathbb{P}$, の場合同様に, 一般の有限体 $K := \mathbb{F}_q$, $q = p^d$, $d \in \mathbb{Z}_{>1}$, の場合も, 巡回群である乗法群 $G := K^\times = \langle b \rangle$, $N = {}^\#G = q - 1$ に於て, その原始元 b を底とする DLP が考えられる (§3.3.2). このとき ICM を適用するために, 何らかの "小さい" という概念を K に定義する必要がある. それには §3.3 で説明した有限体構成法の違いにより以下の二種類の道がある. これは [CP01, §6.4] でも概説されている.

多項式環の剰余環　例 3.3.1 や §3.3.2 の様に通常の方法で, 有限素体上の d 次既約多項式 $f \in F[X]$ による剰余環 $K = F[X]/f$ として構成するならば, 次数が $d - 1$ を超えない多項式で K の元が代表されるから, 低次数既約多項式

で代表される元を"小さい"とすれば良い. 理由は $F[X]$ で定理 3.2.2 PDT が成立し, そこでの低次多項式による除算が容易だから明かであろう. したがって Step 1 では, 適切な小さい $B \in \mathbb{N}$ に対して因子基底

$$J \leftarrow \{\, g \in F[X] \mid g \text{ は既約で } \deg g \leq B,\ \mathrm{lc}\, g = 1 \,\} \cup F^{\times}$$

とする. (ここでは原理を説明する便宜上 $F^{\times}$ も因子基底に加えたが, 普通 $F^{\times}$ に於る DLP を別に解くことにして $F^{\times}$ は因子基底に入れない [LBP98, §3].) そして Steps 2, 4 では J の元による試し割算か §3.2.3 の多項式素因数分解で乗法的線型関係を探す. 他の Steps 3, 5 は有限素体のときと完全に同じである. 以上を実行する実際の計算が [Kob94, §IV.3] にもあるので参考にしてほしい. 計算量は B を適切に取れば, もし $p \leq d^{O(d)}$ なら準指数時間 $L_q[1/2, O(1)]$ で, 特に $p \leq d^{o(d)}$ なら $L_q[1/2, \sqrt{2}+o(1)]$ であり, もし $p \geq d^d$ なら $L_q[1, (2+o(1))/d]$ となることが知られている [LBP98]. しかし, この道は次数 d が低ければ, 大多数の K の元が"小さい"から, さほど意味が無く §6.2 の普遍的手法が十分匹敵する.

数体の整数環の剰余環　　もし §3.3.4 の様に, 数体の整数環の素イデアルによる剰余環として K を構成できるならば, 数体篩 NFS (§5.3.4) のときと同様にノルムが小さい素元で代表される元に加えて, 整数環の単数群の生成系で代表される元を"小さい"とすれば良い. こちらは, 数体のアルゴリズム に関する各種の問題を解決しなければならないが, 次数 d が低ければ, それなりに有効である. 特に [SWD96, §3.2] によれば $d = 2$ の場合は, 計算量が $L_q[1/2, 3/2+o(1)]$ BC とできる様である. しかし, この道は次数 d が高ければ, 対応する数体の次数も高いから, 数体に於る計算が大変になるという問題が発生する.

6.3.3　篩の活用と複数の因子基底

前 §6.3.2 の直接 J 滑かな分解をする他に, 篩の活用と複数の因子基底による XDLP 解法がある. この着想は IFP の ICM と類似だから, 先ず §5.3.2 と同じ改良ができる様に §6.3.1 の算法図式を見直しておく.

6.3 特殊な群に通用する ICM

篩の活用　Step 2 で b^ℓ ($\ell \in \mathbb{N}_{<N}$) から J 滑かな元を探さなくても, 独立な関係さえ見付ければ, Step 3 の合同式が解け ICM は成立する. そこで, 特に $\ell_v = 0$ となる $v \in V$ に注目しよう. Step 3 で解 $m = (\mathrm{Log}_b j)_{j \in J}$ は<u>零ベクトル</u> 0_s でない (つまり $m \neq 0_s$, 実際には m の全ての成分が 0 でない) ので $(\ell_v)_{v \in V} = 0_s$ にはできないから, 一つを除いて 0 にして,

$$\sharp\{v \in V \mid \ell_v = 0\} = s - 1$$

となる $\mathbb{Z}/N$ 上線型独立な V を求める. そのために<u>篩</u>により $s+1$ 個以上 J 滑かな $g \in G$ を集めると, 非自明な $\ell_v = 0$ となる乗法の線型関係を一つ得るから, これを $s-1$ 回実行すれば良い. 加えて従来の方法で, もう一つ J 滑かな b^ℓ, $\ell \in \mathbb{N}_{<N}$, を探す. Step 4 でも従来の方法で, 一つ J 滑かな ab^Q, $Q \in \mathbb{Z}$, を探す.

複数の因子基底　単位可換環 R_1, R_2 に対して, これらは乗法的には半群であるから (5.5) と同様に, それぞれの因子基底 J_1, J_2 が存在して, しかも<u>写像</u> ψ_1, ψ_2 と<u>半群準同型</u> (乗算を保つ写像) ϕ_1, ϕ_2 に関して可換図式

$$\begin{array}{ccc} \mathbb{Z} & \xrightarrow{\psi_1} & R_1 \\ \psi_2 \downarrow & \circlearrowleft & \downarrow \phi_1 \\ R_2 & \xrightarrow{\phi_2} & G \end{array} \quad , \qquad \phi_1 \circ \psi_1 = \phi_2 \circ \psi_2 \qquad (6.9)$$

が成立つとする. 両方の $i \in \{1, 2\}$ で $\psi_i(k)$ が J_i 滑かな $k \in \mathbb{Z}$ は

$$\phi_1(\psi_1(k)) = \phi_2(\psi_2(k)), \qquad 即ち\ \phi_1(\psi_1(k))\left(\phi_2(\psi_2(k))\right)^{-1} = 1,$$

を充し ϕ_i の<u>乗法性</u>より両辺とも $J := \phi_1(J_1) \cup \phi_2(J_2)$ の元達だけの積だから, その観点で J は G の因子基底といえる. これにより Step 1 を構成する. 通常 ψ_i は<u>乗算を保たず</u>両辺の積の形は違う. これらを<u>篩</u>で収集し Step 2 の $\ell_v = 0$ となる乗法的線型関係を $s-1$ 個得る. なお $\psi_i(k)$ 達は J_i 滑かな数と N 乗数の積で良い.

以上の見直しで §5.3.4 NFS 等の篩を DLP に適用することができる様に

なった. (ただし §5.3.3 二次篩 QS は ψ_2 を平方写像としているので使えない.) 実際に標数 $p \in \mathbb{P}$ の有限素体乗法群 $G := (\mathbb{Z}/p)^\times = \langle b \rangle$, $N = p - 1$, に対して DLP を解くために NFS を用いる過程は, 自然数 n に対して IFP を解くために NFS を用いる場合の $\mathbb{Z}/n$ の代りに $\mathbb{Z}/p$ を使うだけで, それ以外は完全に同じだから省略する. この方法を最初に提案したのは [Gor98] で, それによると計算量は $L_p\left[1/3, 3^{2/3} + o(1)\right]$ BC と期待されている. その後の改良を含めた総合報告が [SWD96] にある. そこでは NFS 以外にも篩を DLP の ICM に適用することや, 一般の有限体 $K = \mathbb{F}_q$, $q = p^d$, $d \in \mathbb{N}$, の乗法群 $G := K^\times$ も扱われており, 是非一読してほしい. それによると, 有限素体の場合 $L_p\left[1/3, (64/9)^{1/3} + o(1)\right]$ BC で, 有限素体でなくても任意の $\varepsilon \in \mathbb{R}_{>0}$ に対して $d < \ln^{1/2-\varepsilon} p$ の条件下では $L_q\left[1/3, (64/9)^{1/3} + o(1)\right]$ BC であり, 一般には $L_q[1/2, O(1)]$ BC となることが知られている.

注意 6.3.1. こうして現代高速算法では, IFP と "有限体" の DLP は同等な問題となっている. この DLP の ICM は "小さい" という概念が定義できれば良いので, 楕円曲線等に於て (6.9) の可換図式を成立させる, "小さい" という概念を持つ単位可換環 R_1, R_2 を発見することは極めて重要な課題となっている.

6.4 ま と め

以上 $a \in G = \langle b \rangle$, $N = {}^{\#}G$ に対する全 DLP 算法に共通の基本戦術は,

$$a^i b^Q = a^j b^R \qquad (i, j, Q, R \in \mathbb{Z})$$

なる関係を発見し, 次の合同式を解いて $\mathrm{Log}_b a$ を求めることとまとめられる:

$$i \mathrm{Log}_b a + Q \equiv j \mathrm{Log}_b a + R \pmod{N}.$$

事実, 先ず §6.2.1 試し掛算では $i = R = 0$, $j = 1$ に制限して探し, 次に §6.2.2 ρ 法ではランダムに探し, 更に §6.2.3 BSGS では $m \in \mathbb{Z}_{\geq \sqrt{N}}$, $i = 1$, $j = 0$, $m \mid R$ に制限して探す. また §6.2.4 GOFM では N の素冪因数を法として, これらどれかと同様の操作をする. 最後に §6.3.1 ICM では $i = 1$, $j = 0$

で，何か $\mathbb{Z}$ の因子基底 J 滑かな両辺に制限して探す．なお $G = (\mathbb{Z}/p)^\times, p \in \mathbb{P}$ なら上の等式は $\mathrm{mod}\, p$ の合同式である．

他方 $n \in \mathbb{N} \setminus (2\mathbb{Z} \cup \mathbb{W} \cup \mathbb{P})$ に対する主要な IFP 算法についても共通の基本戦術は似た様な形で考えられる．それをまとめれば，即ち

$$a^i \equiv b^i \pmod{n} \qquad (a, b, i \in \mathbb{Z})$$

なる合同関係を発見し，次の最大公約数計算をして非自明約数 d を求める：

$$m \leftarrow a - b, \qquad d \leftarrow \gcd(m, n).$$

事実，少し強引かもしれないが，先ず §4.1.2 試し割算では $i = 0, b = 1$ に制限して探しているとも考えることが可能であり，次に §5.2.2 ρ 法等 RanM では $i = 0$ に制限してランダムに探していると見ることが可能である．更に §5.3 SqDM では $i = 2$ に制限して探し，とりわけ最後に §5.3.2 ICM では $i = 2$ で，何か $\mathbb{Z}$ の因子基底 J 滑かな両辺に制限して探す．

けれども，§5.4 EOCM，特に §5.4.1 $p - 1$ 法，だけは少々特殊で

$$a^i \not\equiv b^i \pmod{n} \qquad (a, b, i \in \mathbb{Z})$$

なる合同関係を期待し，次の最大公約数計算をして非自明約数 d を求める：

$$m \leftarrow a^i - b^i, \qquad d \leftarrow \gcd(m, n).$$

結論と研究課題 これらの観察から以下の結論を導くことができる：

- 算法的に $n \in \mathbb{N} \setminus (2\mathbb{Z} \cup \mathbb{W} \cup \mathbb{P})$ の整数分解問題 IFP と $(\mathbb{Z}/p)^\times, p \in \mathbb{P}$, の離散対数問題 DLP は密接に関連しており，一方のアルゴリズムは他方のアルゴリズムに影響を与えている．とりわけ ICM の改良は双方に共通する課題である．
- 整数分解問題 IFP の元位数計算法 EOCM に対応する $(\mathbb{Z}/p)^\times, p \in \mathbb{P}$, の離散対数問題 DLP 算法が存在するかどうかは未知であり，極めて興味深い課題である．

第7章

擬 似 乱 数

しばしばランダムなデータ列が必要になり，その出鱈目な列を数論アルゴリズムを用いて生成する，基本的手法と性能評価法を紹介しよう．

7.1 RN, RNS と PRN, PRNS

先ず本当のランダムデータと近似的なランダムデータについて述べる．

7.1.1 乱数の定義と意味

一つの確率空間の独立な確率分布に従う確率変数の実現値のことを**乱数** (Random Number) **RN** と呼び，それらにより構成される点列のことを**乱数列** (Random Number Sequence) **RNS** と呼ぶ．以下，基本となる**一様分布**に従う**一様乱数**（**一様分布乱数**）だけ扱う．ここで**確率空間**，**独立**，**確率分布**，**確率変数**，**一様分布**には厳密な定義があるが，これ迄もでてきた**確率**，**ランダム**等と同様に省略するので，興味ある読者は適当な教科書で補ってもらいたい．集合（確率空間）Ω 上の RNS を 下線{直感的} に説明すれば，それは Ω 上の点列で，ほぼ同じ頻度で各項に全ての Ω の点が出現し，しかも各項は互に独立で他の項達によらない，という性質が充されるものである．現実的な応用で考える RNS は整数点列を考えれば十分だから，そこに数論アルゴリズムが活躍する新たな場面が発生する理由がある．

前章迄に紹介したいくつかの算法達に於ても，しばしばランダムな数を選ぶことがあり既に RN は必要であった．実際的な RN の用途は，他にも例えば，各種現象のシミュレーションに於るランダムデータの生成，数値計算に於る近

似解法に必要な点のサンプリング,等が思い浮かべられる.更に現今では,暗号系に於て鍵生成等で RN は必要不可欠な要素である.これらの場合に応じて,それぞれ生成される RNS には色々な特性が要求される.考えられる RNS に関する主要な性質は以下の通りである:

一様性 RNS には全ての数が等確率つまり等頻度で一様に出現する.
独立性 RNS には規則性が無く各項は他の項達と独立で相関性が無い.
効率性 RNS は生成が高速にできて使う領域 (メモリ) が少なくて済む.
再現性 必要があれば完全に同一の RNS を再現することが可能である.
予測不可能性 RNS の一部から他の部分を予測するのが困難である.

一様性と独立性は RNS の定義そのもので常に必要である.効率性も殆どの場合に必要とされるだろう.ところが,再現性は独立性と相反する性質だから普通考えられない.しかし,シミュレーションや数値計算等を同じデータで再度実行してみたい場合には,少し独立性が損われても再現性のある RNS に近いものを必要とする.そして,予測不可能性は独立性があれば保証されるから通常考えなくて良いが,暗号系等で使われる場合には,完全な独立性より少し弱い予測不可能性を持つ RNS に近いもので良しとすることがある.

7.1.2 乱数を近似する方法

乱数 RN の数学的定義は厳密でも,それを現実に作るのは容易ではない.しばしば,コイントスによる裏表で 0, 1 の RNS を決める例が挙げられるけれども,これとて完全に同じ確率で 0 と 1 との出現を物理的に保証するのが困難なだけでなく,真の RNS は「無限の過去から無限の未来までコイントスし続けている途中の一部分でなくては駄目」という禅問答すら可能である.そこで実際は上記要請をなるべく充す数列で RNS を近似する系統的方法を目的別に使用する.それには次の種類がある:

物理乱数 (physical random number) 予測不能な物理現象等を用いて生成する.一様性と独立性は優れているが,効率性に欠け再現性は無い.
準乱数 (quasi random number) 目的に必要なだけ一様分布するものを代数的に生成する.ある程度の一様性はあるが独立性は保証せず,**超一様乱数**とも呼ばれる.

擬似乱数 （Pseudo-Random Number）**PRN** 何らかの簡単な決定性アルゴリズムで生成する．効率性や再現性には優れているが，規則性を持つ**周期列**だから，どの程度一様性や独立性 (もしくは予測不可能性) を保証できるかが一番の問題となる．

擬似乱数の列を**擬似乱数列** （Pseudo-Random Number Sequence) **PRNS** と呼ぶ．以降では一様性や独立性の高い PRNS を生成する工夫について調べていこう．求められるのは，簡単で高速な手順で PRNS を生成する算法的工夫 に加え，生成される PRNS が十分長い周期を持ち，しかも全体的にも部分的にも単純な規則性を持たないための 数論的工夫 である．更に，生成された PRNS の独立性と一様性の度合を確認するために **統計的検定** の知識が必要である．

7.2　PRNG および LCG, QCG と MLSG

集合 $\Omega \neq \emptyset$ 上の PRN を求める**擬似乱数生成法** (Pseudo-Random Number Generator) **PRNG** は，集合 S, $N := {}^{\#}S \in \mathbb{N}$, 写像

$$f : S \longrightarrow S, \qquad b : S \longrightarrow \Omega$$

と $s_0 \in S$ で表される．(五つ組 (S, Ω, f, b, s_0) は，入力の無い**決定性有限状態機械**だが，それに関しては計算論の参考書，例えば [HU84] に譲る．) 実際，**初期状態** (**乱数の種**) s_0 から始め，順次 $i = 0, 1, \ldots$ に対して，**出力** $x_i \leftarrow b(s_i)$, **状態遷移** $s_{i+1} \leftarrow f(s_i)$ として PRNS $\{x_i\}_{i=0}^{+\infty}$ を得る．(実用上は先頭の出力 x_i をいくつか捨てる場合も多い．) 今 §5.2.1 の通り**状態** s_i は周期的だから x_i も周期的で，それぞれ周期 $k, \ell \in \mathbb{N}$ なら $\ell \mid k \leq N$ となる．周期 k が N に近く，かつ b は全射 (故に ${}^{\#}\Omega \in \mathbb{N}$) で b による Ω の同値類が全て同程度の要素数なら，PRNS の一様性が高い．周期 ℓ が ${}^{\#}\Omega$ よりは大きくて k に近ければ PRNS の独立性が期待できる．

7.2.1 合同法

整数の合同式だけ使う簡単な PRNG に各種**合同法** (**Congruential Generator**) **CG** がある. それらは, 実現したい周期 $N \in \mathbb{N}$ に対して,

$$S := \Omega := \mathbb{Z}/N, \qquad b := \mathrm{id}_S$$

として, 適切な S の自己写像 $f : S \longrightarrow S$ を取る.

注意 7.2.1. この CG による PRNS は周期 $\ell = k$ で, もし $s_0 = 0$ に対して最長周期 $k = N$ なら任意の $s_0 \in S$ に対して $k = N$ となる. そのとき

$$S = \{\, s_{i+1} \mid i \in \mathbb{Z}/N \,\} \subseteq f(S) \subseteq S$$

だから f は全射, したがって S の有限性から全単射となる必要がある.

線型合同法 先ず一次式を利用する. それは適当に $a, c \in S$ を固定して

$$f(s) := (as + c) \bmod N \qquad (s \in S)$$

とする方法で, **線型合同法** (**Linear Congruential Generator**) **LCG** と呼ばれ, 極めて簡単に実装できるので, これ迄広く利用されてきた [Leh51].

定理 7.2.1. [HD62] 上の記号の下, 全ての $s_0 \in S$ で LCG による PRNS が最長周期 $\ell = k = N$ となるには以下の三条件が必要十分である:
 (i) 定数項は N と互いに素つまり $\gcd(c, N) = 1$.
 (ii) もし $p \in \mathbb{P}_{>2}, p \mid N$ ならば $a \equiv 1 \pmod{p}$.
 (iii) もし $4 \mid N$ ならば $a \equiv 1 \pmod{4}$.

定理 7.2.1 は, 注意 7.2.1 により, 定理 2.2.3 CPRMT および定理 2.2.4 ModPPw から, 数学的帰納法 MI を使って示される. なお, 普通は**混合合同法**といえば LCG で $c \neq 0$ の場合を指すが, ときには更に $M \in \mathbb{N}$ に対して

$$f(s) := \lfloor (as + c)/M \rfloor \bmod N \qquad (s \in S)$$

とする方法を指す場合も見かけられる様である.

この LCG は高速かつ経済的なので広く使われてきたが，その性能としては大きな弱点をいくつか持つ．例えば 1970–90 年代に C 言語標準擬似乱数であった rand は $N = 2^{31}, a = 1103515245, c = 12345$ で周期 N である．しかし，二進数で見ると下 1 桁は交互に 0, 1 が現れ，下 k 桁は周期 2^k である．また 1980 年代に rand の標準代替となった drand48 は $N = 2^{48}, a = (5DEECE66)_{16}, c = 11$ で周期 N である．しかし，以前に比べると十倍以上遅い．注意すべき点は LCG には §7.3.2 で後述する**高次元一様性**がなく必ず**結晶構造**が現れる．以上は [Mat02] に基く．

二次合同法 不規則性を増すには計算速度は遅くなるが非線型にすれば良い．そこで二次式を利用する．適当に $a, c, e \in S, e \neq 0$ を固定して

$$f(s) := (es^2 + as + c) \bmod N \qquad (s \in S)$$

とする簡単な非線型法は，**二次合同法 (Quadratic Congruential Generator) QCG** と呼ばれているが，計算量の問題からか不規則性の解析が複雑なせいか，それほどシミュレーション等には使われていない様である．しかし，例えば §5.2.2 では n の IFP に於て ρ 法で $N := n, e := 1, a := 0$ として用いている．また更に，暗号理論に於ては相異る $p, q \in \mathbb{P}$ に対して $N := pq, e := 1, a := c := 0$ とする方法があり，これは生成される PRNS の予測不可能性を高く保証することが知られている [BBS86]．

定理 7.2.2. 上の記号の下，全ての $s_0 \in S$ で QCG による PRNS が最長周期 $\ell = k = N$ となるには以下の四条件が必要十分である：
  (i) 定数項は N と互に素つまり $\gcd(c, N) = 1$．
  (ii) もし $p \in \mathbb{P}_{>2}, p \mid N$ ならば $e \equiv a - 1 \equiv 0 \pmod{p}$．
  (iii) もし $2 \mid N$ ならば $e \equiv a - 1 \pmod{2}$；
     もし $4 \mid N$ ならば $e \equiv a - 1 \not\equiv \pm 1 \pmod{4}$．
  (iv) もし $9 \mid N$ ならば $e \equiv 0 \pmod{9}$ 又は $ce - 6 \equiv a - 1 \equiv 0 \pmod{9}$．

この定理 7.2.2 は [Knu97, §3.2.2, Exercise 8] で主張されており，定理 7.2.1 の証明と同じ様な考え方で示すことができる．

7.2.2 M 系列法

状態遷移変換を高次元化する. 具体的には $p \in \mathbb{P}$ と $n, m, w \in \mathbb{N}, w \le m \le n$, に対して, 有限素体 $F := \mathbb{F}_p = \mathbb{Z}/p$ 上の n 次元線型変換の利用により法 p^w の PRNS を生成する. それは, 先ず p 進表記 (p XP) により

$$b: \quad S := F^n \ni (v_{n-1}, \dots, v_0) \longmapsto (v_{m-1} \cdots v_{m-w})_p \in \Omega := \mathbb{Z}/p^w$$

として, 次に適当に正方行列 $B \in F^{n \times n}$ を固定して

$$f: \quad S \ni (v_{n-1}, \dots, v_0) \longmapsto (v_{n-1}, \dots, v_0) B \in S \qquad (7.1)$$

とする PRNG で, 状態遷移は 線型漸化式 $s_{i+1} = s_i B$ である. 状態の可能性は $N = {}^\sharp S = p^n$ 通りだが, 或 $s_j = 0_n$ (零ベクトル) なら $s_i = 0_n$ ($i \in \mathbb{Z}_{\ge j}$) だから, 有効な PRN は状態が全て $S' := S \setminus \{0_n\}$ に属するときを扱えば良い. また §7.2 冒頭から s_i, x_i それぞれの周期 $k, \ell \in \mathbb{N}$ は $\ell \mid k \le N$ を充すが, 状態の周期列中に 0_n を含む S の全要素は現れ得ないので $k \ne N$ である. 線型変換 f の特性多項式を $\Phi := \det (X \cdot 1_n - B) \in F[X]$ と置く. 更に §3.3.2 にある, 有限体の原始元と F 上の原始多項式の定義を思い出しておこう.

定理 7.2.3. 上の記号で $\ell \mid k < N$. 以下の三条件は互に同値となる:
 (i) 一つの初期状態 $s_0 \in S'$ に対して状態 s_i が最長周期 $k = N - 1$.
 (ii) 全ての初期状態 $s_0 \in S'$ に対して状態 s_i が最長周期 $k = N - 1$.
 (iii) 特性多項式 Φ が F 上 n 次原始多項式 —— 原始元の最小多項式.

証明. 最初の性質は, 直前で既に示してある. また, もし $k = N - 1$ なら状態の周期列中に S' の全要素が現れるから, 同値性 (i) $\Longleftrightarrow$ (ii) が判る. さて, 状態の周期列が $s := s_j \in S'$ から始まれば $sB^k = s$ だから

$$X^k - 1 \in I := \{g \in F[X] \mid s\, g(B) = 0_n\} \ne \{0\}.$$

そこで WOP により次数最小の $\phi \in I \setminus \{0\}$, $\mathrm{lc}\,\phi = 1$, を取ると $\phi \ne 1$ である. 定理 3.2.2 PDT により $g \in I$ を ϕ で割ると余りは I に属して次数が $\deg \phi$ より小さいから 0 で $\phi \mid g$, つまり任意の $g \in F[X]$ に対して

$$g \in I \iff s\, g(B) = 0_n \iff g \equiv 0 \pmod{\phi}$$

となる. 今 k は周期だから $sB^i \neq s$ $(i \in \mathbb{N}_{<k})$ で,

$$X^k \equiv 1, \qquad X^i \not\equiv 1 \quad (i \in \mathbb{N}_{<k}) \qquad (\mathrm{mod}\ \phi),$$

即ち剰余環 $R := F[X]/\phi$ に於て ϕ の根 $x := X \bmod \phi$ は位数 k の単元である. 他方, よく知られている様に $\Phi(B)$ は零行列だから, 当然 $\Phi \in I$ で $\phi \mid \Phi$ となる. さて $k = N - 1$ とする. このとき R の非零元は全て ϕ の根 x の冪だから R は有限体 $\mathbb{F}_N$ で ϕ が原始多項式である. しかも $\phi \mid \Phi$, $\deg \phi = \deg \Phi$, より $\phi = \Phi$. 逆に Φ が F 上 n 次原始多項式とする. このとき $\phi \mid \Phi, \phi \neq 1$, で Φ は既約だから $\phi = \Phi$ となり, 根 x は原始元で位数 $k = N - 1$ である. 故に (i) $\iff$ (iii) も証明された. Q.E.D.

中でも $w = 1$ の場合は, 適当に $(c_{n-1}, \ldots, c_0) \in S$ を固定して**線型フィードバックシフトレジスタ (Linear Feedback Shift Register) LFSR**

$$f:\ S \ni (v_{n-1}, \ldots, v_0) \longmapsto \left(\sum_{i=0}^{n-1} c_i v_i,\ v_{n-1}, \ldots, v_1 \right) \in S \qquad (7.2)$$

が RNS 生成の効率性から広く使われている. 明かに $\ell = k$ である. 出力 $b(s_i) \in \Omega = F$ は線型回帰数列で, 特性多項式 $\Phi = X^n - c_{n-1}X^{n-1} - \cdots - c_0$ となる. 以下 LFSR では $m = 1$ で出力はベクトルの第 n 成分とする.

本項の PRNG は, 定理 7.2.3 にある同値三条件を充し, 状態列 s_i が最長周期 $k = N - 1$ となる場合に, 更に生成する RNS x_i も最長周期 $\ell = k = N - 1$ となれば, それを **最長系列法 (Maximum Length Sequence Generator) MLSG (M 系列法)** ということにしよう. 通常は f が LFSR (7.2) である PRNG のときにのみ MLSG と呼ばれているが, 本書では f が一般の線型変換 (7.1) である PRNG に対しても同じ用語を使う.

7.3　評価法 LC と ED

ここでは PRNG の性能を調べる代数的方法を二つ紹介する. 生成される PRNS の周期が大きいと, より高い PRN の独立性と一様性が期待できるが, 同じ周期を持つものでも複雑度と均等分布の度合に違いがでてくる.

7.3.1 線型複雑度

有限素体 $\Omega := F := \mathbb{F}_p = \mathbb{Z}/p$, $p \in \mathbb{P}$, 上の数列 $x := \{x_i\}_{i=0}^{+\infty}$ 又はその先頭項達 $x(\nu) := \{x_i\}_{i=0}^{\nu-1}$, $\nu \in \mathbb{N}$, に対して, 前 §7.2.2 の或 $s_0 \in S = F^n, s_0 \neq 0_n$, と LFSR (7.2) により $\{b(s_i)\}_{i=0}^{+\infty} = x$ となる又は $\{b(s_i)\}_{i=0}^{\nu} = x(\nu)$ となれば, それぞれ x 又は $x(\nu)$ を**長さ** n の LFSR が生成するという. 最小の $x, x(\nu)$ を生成する LFSR の長さ L, L_ν を, それぞれ $x, x(\nu)$ の**線型複雑度 (Linear Complexity) LC** と呼ぶ. ただし $x, x(\nu)$ の項が全て 0 なら LC を $L = L_\nu = 0$ とする. 有限列 $x(\nu)$ を生成する LFSR は必ずあるが, LFSR で生成できない無限列 x もあり, その様な x は LC を $L = +\infty$ とする. 次の LC の基本的性質は簡単に判る:

定理 7.3.1. 仮定と記号は上の通りとする. 常に $L_\nu \leq \nu$ で, もし $L_\nu \neq 0$ なら $L_\nu \geq I := \min\{i \in \mathbb{Z}/\nu \mid x_i \neq 0\}$, 特に $L_\nu = \nu$ と $I = \nu$ とは同値となる. 一般に $L < +\infty$ と x が周期的なこととは同値で, 特に周期列が x_j から始まり周期 $k \in \mathbb{N}$ なら $L \leq j + k \leq p^L$ となる (定理 7.2.3 参照).

重要なのは Ω 上の PRNS x が §7.2 で考えた決定性有限状態機械による PRNG で与えられた場合である. このとき x は周期的だから, どんな非線型生成法でも定理 7.3.1 から LC は必ず有限 $L \in \mathbb{N}$ で, 周期的になる迄の項 $x(j+k)$ が判れば残りは判るが, より効率的な方法がある. もし或 $r \in \mathbb{Z}_{\geq 0}$ で $2L$ 個の連続項 $x_r, \ldots, x_{r+2L-1}$ が判れば, 行列

$$M := \begin{pmatrix} {}^\mathrm{T}s_{r+L-1}, \ldots, {}^\mathrm{T}s_r \end{pmatrix} \in F^{L \times L}$$

と状態 $s := s_{r+L}$ も判り, 生成する LFSR (7.2) の $c := (c_{L-1}, \ldots, c_0) \in S$ は $\det M \neq 0$ なら, 連立線型方程式 $s = cM$ を解いて求まる. 故に x_r 以降の項が全て判り, もし $c_0 \neq 0$ 特に $j = 0$ なら x 全体が判る. (一般に $j = \min\{i \in \mathbb{Z}/L \mid c_i \neq 0\}$ で, 数列 $\{x_{j+i}\}_{i=0}^{+\infty}$ の LC は $L - j$ となる.) したがって, 仮に周期 k が長くても LC L が小さければ, 比較的容易に PRNS x の全体像は部分的データから確定してしまう.

有限列 $x(\nu)$ の LC L_ν と $x(\nu)$ を生成する LFSR (7.2) の特性多項式

$$\Phi = X^{L_\nu} - c_{L_\nu-1}X^{L_\nu-1} - \cdots - c_0 \in F[X]$$

を一緒に計算するアルゴリズムがある．定数項 1 の F 係数多項式を

$$g = 1 + \sum_{i=1}^{\deg g} g_i X^i \in F[X]$$

と一般に表す．簡単のために以下では $p = 2$ とする．

算法 7.3.1 (LC). [Mas69, RS85] 仮定と記号は上の通りとする．

入力 長さ $\nu \in \mathbb{N}$ の二値系列 $x(\nu) := \{x_i\}_{i=0}^{\nu-1}$．

出力 LC L_ν と対応する LFSR の特性多項式 Φ．

手順 (i) 初期化 $(n, g, \lambda, h) \leftarrow (0, 1, -1, 1)$．

(ii) 各 $\mu \leftarrow 0, \ldots, \nu - 1$ に対して，以下を反復:

もし $x_\mu + \sum_{i=1}^{n} g_i x_{\mu-i} \neq 0$ なら以下を実行:

もし $n > \mu/2$ なら $g \leftarrow g + X^{\mu-\lambda}h$, さもなくば
$(n, g, \lambda, h) \leftarrow (\mu + 1 - n, g + X^{\mu-\lambda}h, \mu, g)$．

(iii) LC $L_\nu \leftarrow n$ と特性多項式 $\Phi(X) \leftarrow X^n g(1/X)$ を出力して終了．

例 7.3.1. 初項から周期的な二値系列を考える．例えば $j = 0$ で $k = 5$ の数列 $x = 1, 0, 1, 0, 0, 1, 0, 1, 0, 0, 1, 0, 1, 0, 0, \ldots$ は，直接にあるいは算法 7.3.1 から LC $L = 4$ で $\Phi = X^4 + X^3 + X^2 + X + 1$ を特性多項式とする LFSR により生成されることが判る．この LFSR は $k = 5 < 15 = 2^L - 1$ だから MLSG ではない．実際 Φ は，根が $\mathbb{F}_{16}$ で 1 の原始 5 乗根だから，原始多項式でなく，定理 7.2.3 の条件が充されていない．逆に長さ n の LFSR が生成する初期状態 $s_0 \neq 0$ の RNS x は，その特性多項式 Φ が既約なら常に LC $L = n$ となる．(これは $p > 2$ でも正しい．) しかしながら，一様で極めて単純な規則性を持つ数列，例えば

$$x = 1, 0, 1, 1, 0, 0, 1, 1, 1, 0, 0, 0, 1, 1, 1, 1, 0, 0, 0, 0, \ldots$$

でも，周期的でないために定理 7.3.1 から LFSR では実現できない．

7.3.2 高次元均等分布

ここでは §7.2.2 の MLSG で生成した, 二進体 $F := \mathbb{F}_2 = \mathbb{Z}/2 = \{0,1\}$ 上の初期状態 $s_0 \in S = F^n, s_0 \neq 0_n$ の RNS $x_i \in \Omega = \mathbb{Z}/2^w = F^w$ ($i \in \mathbb{Z}_{\geq 0}$) を考えよう. ただし $m = n$ で b の出力は上位 w ビットとする. 状態列 $s_i \in S$ ($i \in \mathbb{Z}_{\geq 0}$) も RNS $x_i \in \Omega$ ($i \in \mathbb{Z}_{\geq 0}$) も MLSG の定義から, 最長周期 $\ell = k = N - 1 = 2^n - 1$ で初項から周期的つまり $j = 0$ である. さてここで, 任意の $d \in \mathbb{N}_{\leq n/w}$ に対して, RNS の連続する d 個組の列 $y_i := (x_i, \ldots, x_{i+d-1}) \in \Omega^d = F^{wd}$ ($i \in \mathbb{Z}_{\geq 0}$) を取る. もしこの列が

$$\sharp\{i \in \mathbb{Z}/k \mid y_i = y\} = \begin{cases} 2^{n-wd} & (y \in F^{wd} \setminus \{0_{wd}\}) \\ 2^{n-wd} - 1 & (y = 0_{wd}) \end{cases}$$

を充しているなら, 生成した RNS $x_i \in \Omega$ ($i \in \mathbb{Z}_{\geq 0}$) は d 次元**均等分布** (EquiDistributed) **ED** であるという. もし $n = dw$ ならば, 列 $y_i \in \Omega^d \setminus \{0_n\}$ ($i \in \mathbb{Z}_{\geq 0}$) が最長周期 k であることに他ならない. 特に $w = n$ の場合には ED の次元が $d = 1$ で, これは正に状態列 $s_i = y_i \in S \setminus \{0_n\}$ ($i \in \mathbb{Z}_{\geq 0}$) の最長周期性である. 既に §7.2.1 で触れたが, 線型合同法 LCG は一次式で定義されるために高次元均等分布しない. つまりベクトル列 $y_i \in \Omega^d$ ($i \in \mathbb{Z}_{\geq 0}$) は Ω^d の $d - 1$ 次元超平面上に分布し ED とならない. これが視覚化すると結晶の様に見えるところから**結晶構造**と呼ばれているものである.

更に, 各 $v \in \mathbb{N}_{\leq} w$ に対して, 生成した RNS $x_i \in \Omega = \mathbb{Z}/2^w$ ($i \in \mathbb{Z}_{\geq 0}$) の上位 v ビットだけの列 $x'_i := \lfloor x_i/2^{w-v} \rfloor$ ($i \in \mathbb{Z}_{\geq 0}$) を考える. 任意の $d \in \mathbb{N}_{\leq n/v}$ に対して, RNS の連続する d 個組の列 $y'_i := (x'_i, \ldots, x'_{i+d-1}) \in F^{vd}$ ($i \in \mathbb{Z}_{\geq 0}$) を取る. もしこの列が

$$\sharp\{i \in \mathbb{Z}/k \mid y'_i = y\} = \begin{cases} 2^{n-vd} & (y \in F^{vd} \setminus \{0_{vd}\}) \\ 2^{n-vd} - 1 & (y = 0_{vd}) \end{cases}$$

を充しているなら, 生成した RNS $x_i \in \Omega$ ($i \in \mathbb{Z}_{\geq 0}$) は 上位 v ビット が d 次元**均等分布** (EquiDistributed) **ED** であるという. 今 (7.1) の記号で

$$S \ni s \longmapsto \left(\left\lfloor \frac{b(s)}{2^{w-v}} \right\rfloor, \ldots, \left\lfloor \frac{b(f^{d-1}(s))}{2^{w-v}} \right\rfloor \right) \in F^{vd} \qquad (7.3)$$

を考えると，この線形写像が全射となることが上位 v ビットが d 次元 ED であるための必要十分条件であることが知られている．

例 7.3.2. 今 $n = w = 3, v = 1$ で周期 $k = 2^3 - 1 = 7$ の二進数列

$$001, 010, 011, 100, 101, 110, 111$$

を考えると，これはもちろん 1 次元 ED である．この上位 1 ビットを考えると，先ず 3 次元なら 000, 001, 011, 111, 111, 110, 100 で，次に 2 次元なら 00, 00, 01, 11, 11, 11, 10 で，いずれの場合も ED にならない．しかし

$$001, 010, 100, 011, 101, 110, 111$$

の上位 1 ビットを考えると，この場合 3 次元で 001, 010, 101, 011, 111, 110, 100 と全ての非零な 3 ビットが出現し，上位 1 ビット 3 次元 (したがって当然 2 次元) ED となる．

7.4 二の素数乗 -1 を使う MT

7.4.1 不思議な素数

算法 4.3.2 による素数判定が可能な，二の素数乗 -1 の $M_p = 2^p - 1$ ($p \in \mathbb{P}$) (メルセンヌ数) を考える．これは $2 \in \mathbb{P}, 2^2 - 1 = 3 \in \mathbb{P}, 2^3 - 1 = 7 \in \mathbb{P}, 2^7 - 1 = 127 \in \mathbb{P}$, そして

$$2^{127} - 1 = 170141183460469231731687303715884105727 \in \mathbb{P}$$

という面白い性質を持ち，平均律で有名な Mersenne により発見された．一般には $M_p \notin \mathbb{P}$ となる場合もあるが，その様な最小の p は何か探してみると良い．全ての真の約数の和が自分自身と同じ自然数を**完全数**というが，偶数の完全数全体は $\{2^{p-1} M_p \mid p, M_p \in \mathbb{P}\}$ であることが判る．しかし奇数の完全数は存在するかどうかすら未解決である．

注意 7.4.1. 既知で $M_p \in \mathbb{P}$ となることが確定しているのは $p = 24036583$ が最大で，小さい順とは限らないが第 41 番目の発見 (2004 年 5 月 15 日) とな

り, 十進で 7235733 桁あり, それ以前より百万桁大きい. 現在ある $M_p \in \mathbb{P}$ の候補は $p = 43112609$ が最大で, 十進で 12978189 桁あり初めて一千万桁を超えた. これらの最新情報は [GIM04] にある.

これ迄は M_p は, 大きい素数を生成するという意味はあるものの, 主に純粋な数論的興味から研究されてきた. しかしながら $M_p \in \mathbb{P}$ と, 有限体 $\mathbb{F}_{2^p}$ の乗法群は (位数 M_p の巡回群だが) 自明でない部分群を持たないこととの, 同値性に着目して M_p を利用した高性能の PRNG が開発された. それを次節で紹介する.

7.4.2 高次元均等分布の実現

国際的に画期的な PRNG が国産として 1997 年に発見された. その概説のみ本節では記述するから, より詳しくは原著 [MN98] と [Mat04] や, そこにある文献等を参照してほしい. それはメルセンヌ数 M_p を利用する PRNG なのでメルセンヌ・ツイスタ (**Mersenne Twister**) **MT** と名付けられている.

仮定と記号は §7.3.2 と同じとして, 今 $p \in \mathbb{P}$ に対して $M_p \in \mathbb{P}$ が既知とする. またコンピュータの一語長 $w \in \mathbb{N}_{\leq p}$ としておく. そこで $n := p$ に対して, 定理 1.2.1 DT から $\nu := \lceil n/w \rceil \in \mathbb{N}$ と $n = \nu w - r$ なる $r \in \mathbb{Z}/w$ を決めておく. 更に, それぞれ $x \in \Omega = \mathbb{Z}/2^w = F^w$ の上位 $w - r$ ビットと下位 r ビットを $x' := \lfloor x/2^w \rfloor$ と $x'' := x \bmod 2^w$ で表す. つまり

$$x' := (v_{w-1}, \ldots, v_r), \quad x'' := (v_{r-1}, \ldots, v_0) \quad (x = (v_{w-1}, \ldots, v_0) \in \Omega)$$

とする. また, シフトと加算だけで変換が計算できる様な行列 $A \in F^{w \times w}$ を取る. 例えば $a_i \in F$ $(i \in \mathbb{Z}/w)$ を取って

$$A := \begin{pmatrix} 0_{w-1} & 1_{w-1} \\ a_{w-1} & a_{w-2}, \ldots, a_0 \end{pmatrix}$$

とする. そして, 適当な $\mu \in (\mathbb{Z}/\nu) \setminus \{0\}$ を固定して, 線型変換 (7.1) を

$$f(x_{\nu-1}, \ldots, x'_0) := (x_\mu + (x'_0 x''_1) A, x_\nu, \ldots, x_2, x'_1) \quad (x_{\nu-1}, \ldots, x_0 \in \Omega)$$

で定める. これは, 今 $n = p = \nu w - r$ だから, 或 $B \in F^{n \times n}$ により $f(s) = sB$

($s \in S = F^n$) と書ける. 具体的に B を A を用いて表し B の特性多項式 Φ を計算することは, 困難でなく原論文 [MN98] にもある.

さて, この B の特性多項式 Φ が既約なら, 定理 7.2.3 と $M_p \in \mathbb{P}$ により, 状態の列 $s_i \in \S$ ($i \in \mathbb{Z}_{\geq 0}$) の周期が M_p となる. 実際, 有限体の一般論から $X^{M_p} - 1$ の $X - 1$ 以外の既約因子が, 全ての次数 $d \in \mathbb{Z}_{>1}, d \mid p,$ で主係数 1 の既約多項式を与え, 今 $\deg \Phi = p \in \mathbb{P}$ なので

命題 7.4.1. 以下の四条件は同値である:
  (i) 状態の列 $s_i \in S$ ($i \in \mathbb{Z}_{\geq 0}$) が最長周期 M_p.
 (ii) 特性多項式 $\Phi \in F[X]$ が $F = \mathbb{F}_2$ 上で原始的.
(iii) 特性多項式 $\Phi \in F[X]$ が $F = \mathbb{F}_2$ 上で既約.
 (iv) 合同式 $X^{M_p} \equiv 1 \pmod{\Phi}$ が成立する.

この命題 7.4.1 により, どの様に行列 A を選べば, 最長周期 M_p が達成できるか, 容易に判定可能となる. しかも生成される RNS $b(s_i)$ ($i \in \mathbb{Z}_{\geq 0}$) の周期も M_p となることも判り, この PRNG は MLSG である.

原論文 [MN98] では, 特に $n = p = 19937$ に対して, この方法を適用し, 一語長 $w = 32, \nu = \lceil n/w \rceil = 624$ に対して実用的な MT を構成している. その上重要なのが, これによる RNS $b(s_i)$ ($i \in \mathbb{Z}_{\geq 0}$) は, 列 $b(s_i), \ldots, b(s_{i+\nu-2})$ ($i \in \mathbb{Z}/M_p$) が全て S の中に完全に含まれ, また S の全ての状態が一周期に現れているから, 非常に高い $\nu - 1 = 623$ 次元 ED となっていることである.

注意 7.4.2. 例 7.3.2 で見た様な, より優れた上位ビットの高次元 ED を実現するために, 原論文 [MN98] では更に, 離散付値に関する形式的冪級数環に対する, 算法 3.1.3 準簡約算法 SRA の拡張を写像 (7.3) の全射性判定に用いている.

参考文献

[AGP94] W. R. Alford, Andrew Granville, and Carl Pomerance. There are infinitely many Carmichael numbers. *Ann. of Math. (2)*, Vol. 139, No. 3, pp. 703–722, 1994.

[AH92] Leonard M. Adleman and Ming-Deh A. Huang. *Primality testing and abelian varieties over finite fields*, Vol. 1512 of *Lecture Notes in Mathematics*. Springer-Verlag, Berlin, 1992.

[AKS02] Manindra Agrawal, Neeraj Kayal, and Nitin Saxena. PRIMES is in P. http://www.cse.iitk.ac.in/news/primarity.pdf, 6 August 2002. manuscript.

[AKS03] Manindra Agrawal, Neeraj Kayal, and Nitin Saxena. PRIMES is in P (Ver. 3). http://www.cse.iitk.ac.in/news/primarity_v3.pdf, 1 March 2003. manuscript.

[AKS04] Manindra Agrawal, Neeraj Kayal, and Nitin Saxena. PRIMES is in P. *Ann. of Math. (2)*, Vol. 160, No. 2, pp. 781–793, 2004.

[AM93] A. Oliver. L. Atkin and François Morain. Elliptic curves and primality proving. *Math. Comp.*, Vol. 61, No. 203, pp. 29–68, 1993.

[Apo76] Tom M. Apostol. *Introduction to analytic number theory*. Springer-Verlag, New York, 1976. Undergraduate Texts in Mathematics.

[APS83] Leonard M. Adleman, Carl Pomerance, and Robert S.Rumely. On distinguishing prime numbers from composite numbers. *Ann. Math.*, Vol. 117, pp. 173–206, 1983.

[BBS86] L. Blum, M. Blum, and M. Shub. A simple unpredictable pseudorandom number generator. *SIAM J. Comput.*, Vol. 15, No. 2, pp. 364–383, 1986.

[Ber98] Daniel J. Bernstein. Detecting perfect powers in essentially linear time. *Math. Comp.*, Vol. 67, No. 223, pp. 1253–1283, 1998.

[Ber03] Daniel J. Bernstein. Proving primality after Agrawal-Kayal-Saxena. http://cr.yp.to/papers/aks.pdf, 25 January 2003. manuscript.

[Boo98] Andrew R. Booker. The Nth Prime Page, online calculator. http://primes.utm.edu/nthprime/, 1998.

[BS96] Eric Bach and Jeffrey Shallit. *Algorithmic number theory. Vol. 1*. Foundations of Computing Series. MIT Press, Cambridge, MA, 1996. Efficient algorithms.

[BtR96] H. Boender and H. J. J. te Riele. Factoring integers with large-prime variations of the quadratic sieve. *Experiment. Math.*, Vol. 5, pp. 257–273, 1996.

[Cab99] The Cabal Group. RSA155 announcement, the Proceedings of Eurocrypt 2000. ftp://ftp.cwi.nl/pub/herman/NFSrecords/RSA-155, August 1999.

[Cal94]   Chris Caldwell. The Prime Pages (prime number research, records and resources). http://primes.utm.edu/, 1994.
[Chi95]   Lindsay N. Childs. *A concrete introduction to higher algebra.* Undergraduate Texts in Mathematics. Springer-Verlag, New York, second edition, 1995.
[CL84]   H. Cohen and H. W. Lenstra, Jr. Primality testing and Jacobi sums. *Math. Comp.*, Vol. 42, No. 165, pp. 297–330, 1984.
[CLR90a]   Thomas H. Cormen, Charles E. Leiserson, and Ronald L. Rivest. *Introduction to Algorithms.* The MIT Electrical Engineering and Computer Science Series. MIT Press, London, 2nd edition, 1990.
[CLR90b]   Thomas H. Cormen, Charles E. Leiserson, and Ronald L. Rivest. *Introduction to algorithms.* The MIT Electrical Engineering and Computer Science Series. MIT Press, Cambridge, MA, 1990.
[Coh93]   Henri Cohen. *A course in computational algebraic number theory*, Vol. 138 of *Graduate Texts in Mathematics.* Springer-Verlag, Berlin, 1993.
[Coh00]   Henri Cohen. *Advanced topics in computational number theory*, Vol. 193 of *Graduate Texts in Mathematics.* Springer-Verlag, New York, 2000.
[Cop93]   D. Coppersmith. Modifications to the number field sieve. *J. Cryptology*, Vol. 6, pp. 169–180, 1993.
[CP01]   Richard Crandall and Carl Pomerance. *Prime numbers.* Springer-Verlag, New York, 2001.
[Deu85]   D. Deutsch. Quantum theory, the Church-Turing principle and the universal quantum computer. *Proc. Roy. Soc. London Ser. A*, Vol. 400, No. 1818, pp. 97–117, 1985.
[Dub05]   Harvey Dubner. Twin prime statistics. *J. Integer Seq.*, Vol. 8, No. 4, pp. 1–6, Article 05.4.2 (electronic), 2005.
[EH96]   Marije Elkenbracht-Huizing. A multiple polynomial general number field sieve. In *Algorithmic number theory (Talence, 1996)*, Vol. 1122 of *Lecture Notes in Comput. Sci.*, pp. 99–114. Springer, Berlin, 1996.
[Flo67]   Robert W. Floyd. Nondeterministic algorithms. *J. ACM*, Vol. 14, No. 4, pp. 636–644, 1967.
[Fuj75]   藤崎源二郎. 代数的整数論入門 (上)(下), 基礎数学選書 13A/13B. 裳華房, 1975.
[GIM04]   GIMPS. Great Internet Mersenne Prime Search Home Page. http://www.mersenne.org/, 27 June 2004.
[Gor98]   Daniel M. Gordon. A survey of fast exponentiation methods. *J. Algorithms*, Vol. 27, pp. 129–146, 1998.
[Hat68]   服部昭. 現代代数学, 近代数学講座, 第 1 巻. 朝倉書店, 1968.
[HD62]   T. E. Hull and A. R. Dobell. Random number generators. *SIAM Rev.*, Vol. 4, pp. 230–254, 1962.
[HM91]   James L. Hafner and Kevin S. McCurley. Asymptotically fast triangularization of matrices over rings. *SIAM J. Comput.*, Vol. 20, No. 6, pp. 1068–1083, 1991.
[Hos99]   細谷暁夫. 量子コンピュータの基礎, SGC ライブラリ, 第 4 巻. サイエンス社, 25 December 1999.

参 考 文 献

[HU84] ホップクロフト J., ウルマン J. オートマトン 言語理論 計算論 I, 第 3 巻 of *Information and Computing*. サイエンス社, 1984. 訳 野崎昭弘, 高橋正子, 町田元, 山崎秀記.

[HW01] ハーディ G.H., ライト E.M. 数論入門 (1)(2). シュプリンガー数学クラシックス. シュプリンガー・フェアラーク東京, 2001. 訳 示野信一, 矢神毅.

[Ish74] 石田信. 代数的整数論. 森北出版, 1974.

[Ish78] 石田信. 代数学入門. 実教出版, 1978.

[Kam88] Michael Kaminski. An algorithm for polynomial multiplication that does not depend on the ring constants. *J. Algorithms*, Vol. 9, No. 1, pp. 137–147, 1988.

[Kat05] 桂利行. 代数学 I 群と環, II 環上の加群, III 体とガロア理論, 大学数学の入門, 全 3 冊. 東京大学出版会, 2004, 2007, 2005.

[KFM95] 黒澤馨, 藤岡淳, 宮地充子. 暗号理論への応用. 岡本龍明, 太田和夫 (編), 暗号・ゼロ知識証明・数論, 第 III 部, 第 7 章. 共立出版, 1995.

[KM95] 木田祐司, 牧野潔夫. 素数判定アルゴリズム. 岡本龍明, 太田和夫 (編), 暗号・ゼロ知識証明・数論, 第 III 部, 第 2 章. 共立出版, 1995.

[Knu97] Donald E. Knuth. *The art of computer programming*. Vol. 2. Addison-Wesley Publishing Co., Reading, Mass., third edition, 1997. Seminumerical algorithms, Addison-Wesley Series in Computer Science and Information Processing.

[Kob94] Neal Koblitz. *A course in number theory and cryptography*, Vol. 114 of *Graduate Texts in Mathematics*. Springer-Verlag, New York, second edition, 1994.

[Kob98] Neal Koblitz. *Algebraic aspects of cryptography*, Vol. 3 of *Algorithms and Computation in Mathematics*. Springer-Verlag, Berlin, 1998. With an appendix by Alfred J. Menezes, Yi-Hong Wu and Robert J. Zuccherato.

[LBP98] Renet Lovorn Bender and Carl Pomerance. Rigorous discrete logarithm computations in finite fields via smooth polynomials. In *Computational perspectives on number theory (Chicago, IL, 1995)*, Vol. 7 of *AMS/IP Stud. Adv. Math.*, pp. 221–232. Amer. Math. Soc., Providence, RI, 1998.

[Leh51] D. H. Lehmer. Mathematical methods in large-scale computing units. In *Proceedings of a Second Symposium on Large-Scale Digital Calculating Machinery, 1949*, pp. 141–146, Cambridge, Mass., 1951. Harvard University Press.

[Len87] H. W. Lenstra. Factoring integers with elliptic curves. *Ann. Math.*, Vol. 126, pp. 649–673, 1987.

[LL93] A. K. Lenstra and H. W. Lenstra, editors. *The development of the number field sieve*. No. 1554 in Lecture Notes in Mathematics. Springer-Verlag, 1993.

[LLL82] A. K. Lenstra, H. W. Lenstra, Jr., and L. Lovász. Factoring polynomials with rational coefficients. *Math. Ann.*, Vol. 261, pp. 515–534, 1982.

[LLMP93] A. K. Lenstra, H. W. Lenstra, M. S. Manasse, and J. M. Pollard. The factorization of the ninth fermat number. *Math. Comput.*, Vol. 61, pp. 319–349, 1993.

[LP31]   D. H. Lehmer and R. E. Powers. On factoring large numbers. *Bull. Amer. Math. Soc.*, Vol. 37, pp. 770–776, 1931.
[LP03]   Hendric W. Lenstra and Carl Pomerance. Remarks on Agrawal's conjecture. http://www.aimath.org/WWN/primesinp/articles/html/50a/, 2003.
[MAG]   MAGMA. http://magma.maths.usyd.edu.au/magma/.
[Map]   Maple. http://www.maplesoft.com/.
[Mas69] James L. Massey. Shift-register synthesis and BCH decoding. *IEEE Trans. Information Theory*, Vol. IT-15, pp. 122–127, 1969.
[Mat02] Makoto Matsumoto. 特別講義「間違いだらけの疑似乱数選び」. http://www.soi.wide.ad.jp/class/20010000/slides/03/, 6 February 2002.
[Mat04] Makoto Matsumoto. Mersenne Twister Home Page. http://www.math.sci.hiroshima-u.ac.jp/~m-mat /MT/mt.html, 27 June 2004.
[McC90] Kevin S. McCurley. The discrete logarithm problem. In *Cryptology and computational number theory (Boulder, CO, 1989)*, Vol. 42 of *Proc. Sympos. Appl. Math.*, pp. 49–74. Amer. Math. Soc., Providence, RI, 1990.
[Mil76] Gary L. Miller. Riemann's hypothesis and tests for primality. *J. Comput. System Sci.*, Vol. 13, No. 3, pp. 300–317, 1976. Working papers presented at the ACM-SIGACT Symposium on the Theory of Computing (Albuquerque, N.M., 1975).
[MN98]   Makoto Matsumoto and Takuji Nishimura. Mersenne twister: A 623-dimensionally equidistributed uniform pseudorandom number generator. *ACM. Trans. on Modeling and Computer Simulation*, Vol. 8, No. 1, pp. 3–30, 1998.
[Mon95] Peter L. Montgomery. A block Lanczos algorithm for finding dependencies over $GF(2)$. In *Advances in cryptology—EUROCRYPT '95 (Saint-Malo, 1995)*, volume 921 of *Lecture Notes in Comput. Sci.*, pages 106–120. Springer-Verlag, Berlin, 1995.
[MP96]   J. McKee and R. Pinch. Old and new deterministic factoring algorithms. In *ANTS-II*, No. 1122 in Lecture Notes in Comput. Sci., pp. 217–224. Springer-Verlag, Berlin, 1996.
[Nak96] 中村憲. 最近の計算機代数の理論と応用. 数学, Vol. 48, pp. 12–21, 1996. 論説.
[Nak99] Ken Nakamula. *A Survey on the Number Field Sieve*, pp. 263–272. Kluwer Academic Publishers, 1999.
[Nak03] 中村憲. 代数的計算数論の現状. 日本応用数理学会 論文誌, Vol. 13, No. 2, pp. 305–320, 2003.
[Nak04] 中村憲. 素数判定 PRIMES が決定性多項式時間 P である事の証明について. 数学, Vol. 56, pp. 73–87, 2004. 論説.
[Nak08] Ken Nakamula. On the proof that PRIMES is in P. *Sugaku Expositions*, Vol. 21, pp. 161–176, 2008.
[Nis02] 西野哲朗. P = NP ? 問題. 数学, Vol. 54, No. 1, pp. 86–99, 2002. 論説.
[NTL]   NTL. http://www.shoup.net/ntl/.
[NZM]   NZMATH. http://tnt.math.metro-u.ac.jp/nzmath/. 2002-.

[OO95] 岡本龍明, 太田和夫. 暗号理論. 岡本龍明, 太田和夫 (編), 暗号・ゼロ知識証明・数論, 第 I 部. 共立出版, 1995.

[Par] Pari/GP. http://www.parigp-home.de/.

[PH78] Stephen C. Pohlig and Martin E. Hellman. An improved algorithm for computing logarithms over GF(p) and its cryptographic significance. *IEEE Trans. Information Theory*, Vol. IT-24, No. 1, pp. 106–110, 1978.

[Pol74] J. Pollard. Theorems on factorization and primality testing. *Proc. Cambridge Phil. Soc.*, Vol. 76, pp. 521–528, 1974.

[Pol75] J. Pollard. A monte-carlo method for factorization. *BIT*, Vol. 15, pp. 331–334, 1975.

[Pol78] J. M. Pollard. Monte Carlo methods for index computation (mod p). *Math. Comp.*, Vol. 32, No. 143, pp. 918–924, 1978.

[Pom82] C. Pomerance. Analysis and comparison of some integer factoring algorithms. In *Computational Methods in Number Theory*, No. 154/155 in Math. Cent. Tracts, pp. 89–139. Math. Cent., Amsterdam, 1982.

[Rab80] Michael O. Rabin. Probabilistic algorithm for testing primality. *J. Number Theory*, Vol. 12, No. 1, pp. 128–138, 1980.

[Rou91] G. Rousseau. On the quadratic reciprocity law. *J. Austral. Math. Soc. Ser. A*, Vol. 51, No. 3, pp. 423–425, 1991.

[RS62] J. Barkley Rosser and Lowell Schoenfeld. Approximate formulas for some functions of prime numbers. *Illinois J. Math.*, Vol. 6, pp. 64–94, 1962.

[RS85] J. A. Reeds and N. J. A. Sloane. Shift-register synthesis (modulo m). *SIAM J. Computing*, 14:505–513, 1985.

[Sai76] 斎藤正彦. 線型代数入門. 東京大学出版会, 1976.

[Sch82] R. Schoof. Quadratic fields and factorization. In *Computational Methods in Number Theory*, No. 154/155 in Math. Cent. Tracts, pp. 235–286. Math. Cent., Amsterdam, 1982.

[Sha71] Daniel Shanks. Class number, a theory of factorization and genera. In *Proc. Symp. in Pure Math.* **20**, pp. 415–440, Providence, 1971. Amer. Math. Soc.

[Sho94] Peter W. Shor. Algorithms for quantum computation: discrete logarithms and factoring. In *35th Annual Symposium on Foundations of Computer Science (Santa Fe, NM, 1994)*, pp. 124–134. IEEE Comput. Soc. Press, Los Alamitos, CA, 1994.

[Sho97] Peter W. Shor. Polynomial-time algorithms for prime factorization and discrete logarithms on a quantum computer. *SIAM J. Comput.*, Vol. 26, No. 5, pp. 1484–1509, 1997.

[ST92] Joseph H. Silverman and John Tate. *Rational points on elliptic curves*. Undergraduate Texts in Mathematics. Springer-Verlag, New York, 1992.

[ST95] シルヴァーマン J.H., テイト J. 楕円曲線論入門. シュプリンガー・フェアラーク東京, 1995. 訳 足立恒雄, 小松啓一, 木田雅成, 田谷久雄.

[SWD96] Oliver Schirokauer, Damian Weber, and Thomas Denny. Discrete logarithms: the effectiveness of the index calculus method. In *Algorithmic number theory (Talence, 1996)*, Vol. 1122 of *Lecture Notes in Comput. Sci.*, pp. 337–361. Springer, Berlin, 1996.

[Tak71a] 高木貞治. 代数的整数論 第 2 版. 岩波書店, 1949/1971.
[Tak71b] 高木貞治. 初等整数論講義 第 2 版. 共立出版, 1971.
[VBE96]   Vlatko Vedral, Adriano Barenco, and Artur Ekert. Quantum networks for elementary arithmetic operations. *Phys. Rev. A (3)*, Vol. 54, No. 1, pp. 147–153, 1996.
[vH01]   Mark van Hoeij. Factoring polynomials and 0-1 vectors. In *Cryptography and lattices (Providence, RI, 2001)*, Vol. 2146 of *Lecture Notes in Comput. Sci.*, pp. 45–50. Springer, Berlin, 2001.
[VSB+01] Lieven M. K. Vandersypen, Matthias Steffen, Gregory Breyta, Costantino S. Yannoni, Mark H. Sherwood, and Isaac L. Chuang. Experimental realization of shor's quantum factoring algorithm using nuclear magnetic resonance. *Nature*, Vol. 414, p. 883, 2001. http://www.citebase.org/abstract?id=oai:arXiv.org:quant-ph/0112176.
[Wie86]   Douglas H. Wiedemann. Solving sparse linear equations over finite fields. *IEEE Trans. Inform. Theory*, Vol. 32, No. 1, pp. 54–62, 1986.
[Wil82]   H. C. Williams. A $p+1$ method of factoring. *Math. Comput.*, Vol. 39, pp. 225–234, 1982.

索　引

欧　文

Absolute Pseudo-Primality Test (APsPT)　97
Absolute Pseudo-Prime (APsP)　97
AC (加法鎖)　13, 22–25, 73, 137
Addition Chain (AC)　22
Algorithmic Number Theory (ANT)　i
ANT (数論アルゴリズム) i–iii, v
APsP (絶対擬素数)　97
APsPT (絶対擬素数テスト)　97, 98

b 進数　8
b 進表記 (b XP)　7
b を法とする　6
Baby Step Giant Step (BSGS)　139
b eXPression (b XP)　7
b XP (b 進表記)　7–9, 13, 17, 19, 67, 72
BC (ビット演算量)　10–20, 34, 114, 136
big Order (ビッグ O)　16
BInary digIT (bit)　10
BInary digITS (bits)　9
bit (ビット)　10
Bit Complexity (BC)　11
bits(ビット数)　9

BSGS (小股大股法) 139–142, 146, 152

c を法として合同　76
CCT (円分合同式テスト) 92, 95, 96, 99, 102–106
CG (合同法)　157
CM (虚数乗法)　112
CM 法　112
CMM (虚数乗法法)　112
CNT (計算数論)　i, v
Complex Multiplication (CM)　112
Complex Multiplication Method (CMM)　112
COMPOSITES　91, 92, 95, 98, 99, 107, 113
Composites Sieve (CS)　33
Computational Number Theory (CNT)　i
Congruential Generator (CG)　157
CoPrime Moduli Remainder Theorem (CPMPT)　40
coRP　95, 96
CPMRT (互いに素な法の剰余定理)　40–44, 49, 60, 85, 141–143, 148
CS (合成数篩)　33, 34, 36, 94, 105, 122
Cyclotomic Congruence Test (CCT)　92

deterministic Polynomial time (P)　95
Diagonal Normal Form (DNF)　61
Digital Method (DM)　71
Discrete Logarithm (DL)　135
Discrete Logarithm Problem (DLP)　136
Division Theorem (DT)　5
DL (離散対数)　135, 139–142, 145–147, 149
DLP (離散対数問題)　v, 25, 135–136, 147, 152–153
DM (ディジタル法)　13, 71, 74
DNF (対角正規形)　61, 62
DT (除法定理)　5, 7, 29, 58, 165

ECDLP (楕円曲線離散対数問題)　147
ECM (楕円曲線法)　128, 129, 148
ECPP (楕円曲線素数証明) 95, 108, 111, 112
ED (均等分布)　163, 164, 166
Element Order

Computing Method (EOCM) 114
Elliptic Curve Discrete Logarithm Problem (ECDLP) 147
Elliptic Curve Method (ECM) 128
Elliptic Curve Primality Proving (ECPP) 95
EOCM (元位数計算法) 114, 116, 117, 153
EquiDistributed (ED) 163
ERH (拡張リーマン仮説) 56, 116
eXtended Discrete Logarithm (XDL) 145
eXtended Discrete Logarithm Problem (XDLP) 145
eXtended Quadratic Reciprocity Law (XQRL) 52
eXtended Quadratic Residue Symbol (XQRS) 51
Extended Riemann Hypothesis (ERH) 56
eXtended Successive Division (XSD) 31
Extended Zeropoint Hypothesis (EZH) 56
EZH (数体 L 関数零点仮説) 56, 96, 99, 105, 116, 117, 124

F 有理点 109, 110
Fast Fourier Transform (FFT) 70

Fast Rotation Sum Transform (FRST) 70
FFT (高速フーリエ変換) 70, 116
FNS (数体篩) 150
FRST (高速回転和変換) 13, 70–72, 74, 103, 116
FRSTM 116

GCD (最大公約数) 6, 15, 29–31, 76–78, 80, 82, 84, 87, 97, 110, 117, 119, 120, 127
General Number Field Sieve (GNFS) 125
GNFS (一般数体篩) 125, 126
GOFM (群位数分解法) 142, 143, 152
Group Order Factoring Method (GOFM) 142

ICM (指数計算法) 121, 122, 146, 147, 149, 150, 153
IF (補間公式) 69, 70, 72
IFP (整数分解問題) v, 92–93, 108, 110, 113–117, 135, 147, 152–153
Index Calculus Method (ICM) 121, 146
Integer Factoring Problem (IFP) 92
Integer Power Root (IPwRt) 26
Interpolation Formula (IF) 69
IPwRt (整数冪根) 26

J 滑か 121, 122, 124, 146–151, 153

k 次 69, 71, 73, 86, 88, 89

λ 法 139
LC (線型複雑度) 161, 162
LCG (線型合同法) 157, 158, 163
LCM (最小公倍数) 6, 76
LFSR (線型フィードバックシフトレジスタ) 160–162
Linear Complexity (LC) 161
Linear Congruential Generator (LCG) 157
Linear Feedback Shift Register (LFSR) 160

M 系列法 (MLSG) 160
Mathematical Induction (MI) 1
Maximum Length Sequence Generator (MLSG) 160
Mersenne Twister (MT) 165
MI (数学的帰納法) 1–5, 30, 32, 33, 157
MLSG (M 系列法) 160, 162, 163, 166
$m \times n$ 行列 57
ModPPw 43, 98, 100, 127, 157
MT (メルセンヌ・ツイスタ) 165, 166
multiplicative function (乗法的関数) 46

索　引

$n+1$ テスト　101
$n-1$ テスト　101, 108, 110, 111
n^2-1 テスト　101
n のサイズ　92, 94, 113
n 分多項式　87
n を法とする　37, 41, 44, 103
Nesting Method (NM)　68
NFS (数体篩)　93, 123, 124, 151
NM (ネスティング法)　68
NP 完全　24
NTA (数論的算法)　i, v
Number Field Sieve (NFS)　93, 123
Number Theoretic Algorithm (NTA)　i

P (決定性多項式時間)　95, 96, 98, 99, 106, 107
p 指数　6
$p+1$ 法　128
$p-1$ 法　115, 117, 127, 129, 153
PDT (多項式除法定理)　72, 74, 76, 77, 83, 85, 150, 159
PF (素因数分解)　6–8, 76, 92, 98, 117, 135, 142
PNT (素数定理)　35, 36, 92, 96, 105, 124
Polynomial Division Theorem (PDT)　72
Polynomial Prime Factorization (PPF)　81
PPF (多項式素因数分解)　81, 88
PPw (素冪)　28
PR (原始根)　44, 45, 55, 101
Prime Factorization (PF)　6
Prime Number Theorem (PNT)　35
Prime Power (PPw)　28
PRIMES (素数判定)　v, 33, 91–96, 110, 113
Primeth Power Detection (PtPwD)　27
Primitive Root (PR)　44
PRN (擬似乱数)　v, 154–156
PRNG (擬似乱数生成法)　156, 157, 159–161, 165, 166
PRNS (擬似乱数列)　156–159, 161
PRP　44, 45, 86, 88, 101
PRPPw　44, 45
PsD (擬除算)　77
Pseudo-Division (PsD)　77
Pseudo-Primality Test (PsPT)　95
Pseudo-Random Number (PRN)　156
Pseudo-Random Number Generator (PRNG)　156
Pseudo-Random Number Sequence (PRNS)　156
Pseudo-Successive Division (PsSD)　78
PsPT (擬素数テスト)　95, 96, 100, 111, 113
PsSD (擬互除法)　78
PtPwD (素数乗検出)　27
QC (量子計算機)　130, 132, 133

QCG (二次合同法)　158
QNR (平方非剰余)　48, 49, 51, 53–55, 101
QR (平方剰余)　48, 49, 51, 54–56, 122
QRC (平方剰余規準)　49, 50, 52, 97
QRCT (平方剰余規準テスト)　96–98
QRL (平方剰余相互法則)　49, 50, 52, 55
QRS (平方剰余記号)　48, 49, 51, 53
QS (二次篩)　123, 124, 126, 152
Quadratic Congruential Generator (QCG)　158
Quadratic Non-Residue (QNR)　48
Quadratic Reciprocity Law (QRL)　49
Quadratic Residue (QR)　48
Quadratic Residue Symbol (QRS)　48
Quadratic Residuosity Criterion (QRC)　49
Quadratic Residuosity Criterion Test (QRCT)　96, 97
Quadratic Sieve (QS)　123
QUantum BIT (qubit)　130
Quantum Computer (QC)　130
qubit　130

R 加群　57, 58
R 基底　58
R 係数　67–69, 71, 78,

125
R 上線型独立 58
R 上の一変数多項式環 67
R 上の多項式環 67
Random Method (RanM) 114
Random Number (RN) 154
Random Number Sequence (RNS) 154
Randomized Polynomial time (RP) 95
RanM (ランダム法) 114, 116, 117, 153
Reduced Form 63
Remainder Theorem (RT) 68
Repeated Squaring (RS) 21
ρ 法 114, 116, 119, 138, 140, 142, 146, 152, 153, 158
RN (乱数) 154, 155
RNS (乱数列) 154, 155, 160, 162, 163, 166
RP (確率的多項式時間) 95, 96, 98, 99, 107
RS (反復平方法) 13, 21–24, 73, 75, 137
RT (剰余定理) 68

SD (互除法) 15, 29, 30, 32, 33, 53, 76, 78, 97
Semi-Reduced Form (SRF) 64
Semi-Reduction Algorithm (SRA) 64
smooth (滑か) 116
SNFS (特殊数体篩) 125
soft Order (ソフト O) 16
Special Number Field Sieve (SNFS) 125

SPsPT (強擬素数テスト) 96, 99, 105, 106
SqDM (平方差法) 114, 116, 117, 133, 134, 153
SQRTP 54, 55, 124
SQRTPPw 54, 124
Square Difference Method (互除法) 114
Square Free Factorization (平方自由分解) 81
SRA (準簡約算法) 64, 66, 67, 166
SRF (準簡約形) 64–67, 81
SRM (部分終結法) 79, 80
Strong Pseudo-Primality Test (SPsPT) 96, 99
subexponential time (準指数時間) 115
SubResultant Method (SRM) 79
Successive Division (SD) 29

TNF (三角正規形) 59, 60
totally multiplicative function (完全乗法的関数) 46
totient (トーティエント) 46
Triangular Normal Form (TNF) 59

UFD (一意分解整域) 76–78, 81, 83, 85, 125, 126
Unique Factorization Domain (UFD) 76

Variation of

Mathematical Induction (VMI) 3
VMI (変種数学的帰納法) 3–7

Well Ordering Principle (WOP) 4
WOP (整列原理) 4–6, 37, 118, 159

XDL (拡張離散対数) 145, 146
XDLP (拡張離散対数問題) 121, 145, 147, 150
XP 9
XQRL (拡張平方剰余相互法則) 52, 53, 97, 101
XQRS (拡張平方剰余記号) 51–53, 97
XSD (拡張互除法) 31–33, 38, 39, 42, 60–63, 76, 78, 84

ZPP 96

ア 行

与えられた値を持つ多項式 69, 70
余り 6
アルゴリズム i, ii, iv

一意的に可能 6
一意分解整域 (UFD) 76
一変数多項式環 67
一様性 155, 156, 160
一様分布 154
一様分布乱数 154
一様乱数 154
一般数体篩 (GNFS) 125
イデアル 37
イデアル類群 116
因子 6, 43, 76, 81–83, 85,

索　　引　　　177

88, 90, 148, 166
因子基底　121–123, 126,
　　146–148, 150, 151,
　　153
因子基底法　121, 146
因数　6, 68, 75, 76, 81,
　　84, 93, 120, 152
因数定理　68, 79

兎亀算法　118, 119, 138

円分合同式　102, 105
円分合同式テスト (CCT)
　　92, 105, 106
円分体　89, 90
円分多項式　87, 89, 90

重み均等重合せ状態　132

カ　行

可換図式　123, 151
可逆元　37, 41, 57, 72,
　　110
核　58, 83
拡張互除法 (XSD)　31,
　　60, 84
拡張平方剰余記号 (XQRS)
　　51, 97
拡張平方剰余相互法則
　　(XQRL)　52
拡張リーマン仮説 (ERH)
　　56
拡張離散対数 (XDL)　145
拡張離散対数問題 (XDLP)
　　145
確定的多項式時間　95
確率　36, 95–99, 114, 118,
　　119, 121, 128, 131,
　　134, 138, 154, 155
確率解釈　131
確率空間　154
確率的アルゴリズム　62,

95, 96, 138, 146
確率的多項式時間　95, 117
確率分布　154
確率変数　154
加減算　5, 12, 13, 16, 39,
　　70, 71
加減乗　37, 40, 57
加減乗除　12, 20, 29
重合せ状態　130
重合せの原理　131
加算　10, 11
加乗算　41, 67
加法鎖 (AC)　20, 22, 24,
　　73
絡合量子離散回転和変換
　　132
カンガルー法　139
環準同型　41, 67, 123
完全乗法的関数　46
完全数　164
完全体　83
観測　131, 133, 134
環同型　41
簡約形　63, 66

擬互除法 (PsSD)　77, 78
擬除算 (PsD)　73, 76, 77
擬似乱数 (PRN)　ii, v,
　　156
擬似乱数生成法 (PRNG)
　　102, 156
擬似乱数列 (PRNS)　156
擬素数　113, 148
擬素数テスト (PsPT)　91,
　　95, 111, 113
擬楕円曲線　108, 110–112,
　　128
基底状態　130
基本単数系　125
既約元　76
逆元　37–39, 121, 136,
　　139

逆元算　39, 40
既約剰余　38, 39, 48, 106
既約剰余類　38, 44
既約剰余類群　38, 40, 43,
　　44, 48, 98, 127, 137
　　──の利用　100
キュビット　130
強擬素数テスト (SPsPT)
　　95, 99
行ベクトル全体　57
行列の標準形　59
行列標準形　59, 61, 64
局所体への持上げ　84
虚数乗法 (CM)　112
虚数乗法法 (CMM)　112
切上げ　6, 120
切捨て　6
均等分布 (ED)　160, 163

組立除法　68, 70
繰返し二乗法 (RS)　21
繰返し平方法 (RS)　21
群位数分解法 (GOFM)
　　142

計算数論 (CNT)　i, v
計算量　10–20, 34, 60, 68,
　　91–96, 115–117, 132,
　　136
計算量評価関数　115
係数環 R の一変数多項式環
　　67
係数環 R の多項式環　67
係数爆発　79
桁　7, 8, 10, 11, 13, 17,
　　19, 39, 92–94, 158,
　　165
桁数　7–9, 17, 28, 72, 94,
　　120, 134
結晶構造　158, 163
決定性アルゴリズム　95,
　　96, 99, 100, 106, 137,

140–142, 156
決定性多項式時間 (P) 95, 117
決定性有限状態機械 156, 161
元位数計算法 (EOCM) 114, 153
減算 11
原始 n 乗根 87
原始元 86, 87, 89, 90, 149, 159, 160
——の計算 88
原始根 (PR) 44, 45, 86, 101
原始根予想 45, 106
原始多項式 86–88, 159, 160, 162
原始的 78, 166
原始部分 77, 78, 82

格子 57, 59, 61, 63, 66, 81
高次元一様性 158
高次元均等分布 163
格子点 59
合成数 6, 33, 91, 92
合成数判定 6, 33, 91, 113, 117
合成数判定法 91
合成数篩 (CS) i, 33, 94, 122
高速回転和変換 (FRST) 70, 116
高速フーリエ変換 (FFT) 70
合同式 ii, v, 36–45, 85–86, 103
合同法 (CG) 157
公倍数 6, 7, 76
公約数 6, 7, 30, 76
効率性 122, 155, 156, 160
互除法 (SD) 29, 30, 32,

33, 53, 64, 76, 97
古典計算機 130, 132, 133
小股大股法 (BSGS) 139
混合合同法 157

サ 行

最悪時間計算量 13
再帰的 71, 84
再現性 155, 156
最高次係数 68
最小公倍数 (LCM) 6, 7, 76
最小周期 118
最小正剰余 6, 136, 140
最小多項式 86, 159
最小非負剰余 6, 12
最大公約数 (GCD) 6, 7, 29, 75, 76, 97, 153
最長系列法 160
三角正規形 (TNF) 59

時間計算量 134, 140
時間発展 131
四捨五入 6, 26, 120
次数 68, 70, 79, 149, 150, 159, 166
次数 k 86
指数計算法 (ICM) 114, 116, 121, 146
指数時間 92, 94, 100, 103, 114, 116, 117, 119, 146
自然写像 123, 125
四則演算 ii, iv, 1, 5, 13, 17, 33, 34
指標和 96, 102
——の利用 102
自由 R 加群としての階数 58
周期 118, 138, 157–163, 166
周期関数 118, 119

周期性 114, 117
周期列 156, 159, 161
終結式 79, 80
——と判別式 79
主係数 68, 87, 125, 166
出力 156, 160, 163
巡回群 43, 44, 48, 71, 86, 87, 98, 100, 101, 110, 136, 141, 146, 149, 165
準簡約形 (SRF) 64, 66, 81
準簡約算法 (SRA) 64, 166
準指数時間 114–117, 122, 129, 147, 150
準指数的 115
準同型写像 125
準乱数 155
商 6, 9, 12, 68, 73
乗算 5, 11–13, 39, 71–72, 123, 136, 151
乗除算 11, 16
商体 69, 78, 83, 85
状態 156, 159–161, 166
状態遷移 131, 156, 159
状態列 163
乗法群 38, 86, 87, 101, 135, 147, 149, 152, 165
乗法的関数 46
乗法的線型関係 122, 126, 146–151
剰余 6, 9, 36–45, 62, 68
剰余環 37, 41, 43, 76, 81, 85, 89, 90, 125, 149, 150, 160
剰余定理 (RT) 68
剰余類 37, 76
初期状態 156, 159, 162
除算 5–7, 9, 11–13, 30–32, 68, 72–73

索　引

初等数論　ii, 29, 33, 48, 57
除法定理 (DT)　5, 58, 85

推移律　15, 16
数学的帰納法 (MI)　1, 4, 107, 157
数体　86, 89, 108, 124–126, 150
　　——の整数環の剰余環　150
数体 L 関数零点仮説 (EZH)　55
数体篩 (NFS)　93, 116, 123, 124, 150
数論　i
数論アルゴリズム (ANT)　i, iii, v
数論的関数　46
数論的算法 (NTA)　i, v

整域　69, 73, 76, 77, 79, 85
整環　89, 126
制御 NOT　132
制御 U　131
制御制御 U　131
制御ビット　131, 132
整除　ii, 29, 36, 76, 78, 80, 82
整除される　6, 76
整数環　37, 57, 85, 89, 125, 150
整数係数多項式の分解　84
整数分解問題 (IFP)　ii, v, 92, 113, 141
整数冪根 (IPwRt)　26
生成系　58, 59, 125
生成する部分 R 加群　58
整閉　125
正方行列全体　57
整列原理 (WOP)　4
絶対擬素数 (APsP)　96

絶対擬素数テスト (APsPT)　97
絶対値最小剰余　6, 61, 63
漸近的計算量　16, 17, 19
漸近的評価　14, 19, 35
線型合同法 (LCG)　157, 163
線型時間　28, 105, 113
線型フィードバックシフトレジスタ (LFSR)　160
線型複雑度 (LC)　161

疎　122
　　——な多項式　73
素イデアル　89, 125, 126, 150
素イデアル分解　89
素因数　6, 44, 51, 100, 101, 107, 108, 111, 112, 114, 116, 117, 119, 122, 127, 129, 141
素因数分解 (PF)　6, 76, 83, 84
素因数分解表　i
像　iv, 58, 63, 67, 123
測定　131, 133, 134
素元　76, 78, 81, 82, 85, 125, 126
素数　i, iv, 6, 15, 33–36, 91–94, 102, 164–165
素数乗検出 (PtPwD)　27
素数定理 (PNT)　35
素数判定 (PRIMES)　ii, v, 33, 91, 96, 113, 117, 164
素数判定法　28, 91
素数冪　28
ソフト O　16, 113
素冪 (PPw)　28

タ 行

体　20, 38, 58, 69, 76, 82, 84–86, 108
対角正規形 (DNF)　61
対称律　15
代数拡大　86
代数曲線　86
代数体　86
代数関数体　86
代数的数体　86
代数閉体　69, 83, 87
代数閉包　69, 79, 86
代入　iv, 15, 67, 68, 70, 80
楕円曲線　21, 86, 108–112, 128, 129, 147, 152
楕円曲線素数証明 (ECPP)　95, 108
楕円曲線法 (ECM)　115, 117, 128
楕円曲線離散対数問題 (ECDLP)　147
互いに素　6, 41, 76, 78, 82, 84, 85, 141, 157, 158
　　——な法の剰余定理 (CPMRT)　40, 141
多項式　ii, 13, 67, 68, 70–81, 84, 85, 87, 88, 94, 103, 119, 125, 149, 150, 162, 166
多項式環　67, 72, 85, 86, 102, 149
　　——の剰余環　149
多項式時間　66, 92, 94–96, 102, 112, 113, 115, 116, 130, 134
多項式除法定理 (PDT)　72
多項式素因数分解 (PPF)　81
試し掛算　136, 137, 140, 152

試し割算　6, 45, 81, 93, 94, 100, 114, 116, 119, 120, 148, 150, 153
単位可換環　37, 41, 46, 57, 67, 68, 71, 72, 76, 85, 121, 123, 151, 152
単位環　57, 67
単位行列　57
単位元　37, 40, 41, 46, 136
単因子　62
単因子形　61
単元　37
誕生日逆説　118
単数　37, 76, 78
単数群　38, 46

小さい　121, 122, 126, 145–147, 149, 150, 152
超一様乱数　155
直積　41, 114, 119, 141
直和　41, 59, 85, 110
直交　63–66
直交化　64–66

底　7, 9, 17, 135, 136, 138, 139, 142, 145, 149
── の変換　9
定義体　108
定義多項式　86, 90
停止性　63, 64, 105
ディジタル法 (DM)　71
定数多項式　72

統計的検定　156
同伴　76, 78, 82
特殊数体篩 (SNFS)　125
特殊素数　45, 106
独立　154
独立性　155, 156, 160

ナ 行

内積　63
内積公式　145–147
内容　77, 78
長さ　22–25, 63, 64, 66, 94, 161, 162
滑か　116, 127–129, 142, 143
二項係数法　74, 75
二次合同法 (QCG)　158
二次篩 (QS)　116, 123, 152
二の素数乗 -1　101, 164
二の二冪乗 $+1$　101
二分割統治　13
二分探索　140

ネスティング法 (NM)　68

ノルム　126

ハ 行

倍数　6, 7, 29, 33, 39, 43, 61, 76, 78, 80, 82, 111, 114, 118, 133
波束収縮　131
波動方程式　131
鳩の巣原理　118
半群　135, 145, 151
半群準同型　151
反射律　15, 16
反転公式　47
反復二乗法 (RS)　21
反復平方法 (RS)　21, 39, 73
判別式　79, 80, 108, 112

ビッグ O　16, 17, 113
ビット (bit)　10–12, 14, 20, 22, 60, 72, 94, 130, 163–166
ビット演算　10, 11
ビット演算量 (BC)　11, 116
ビット数 (bits)　9, 67
微分　75, 79, 82
標数　37, 69, 74, 82, 85–87, 148, 152
標的ビット　131, 132

ファイ関数　40, 45–47, 127
フェルマ数　101
複数の因子基底　123, 151
双子素数　36
物理乱数　155
部分終結式　79, 80
部分終結式法 (SRM)　78, 79
部分正当性　106
篩の活用　122, 151
分解法　21, 22, 24
分割多項式　111
分割統治　13
分散処理　122, 139

平方計算　73, 74
平方差分解法　120, 121, 123
平方差法 (SqDM)　114
平方自由　82, 83
平方自由多項式　88
平方自由分解　75, 81–83
平方剰余 (QR)　28, 45, 48, 122
平方剰余記号 (QRS)　48
平方剰余規準 (QRC)　49
平方剰余規準テスト (QRCT)　96, 97
平方剰余相互法則 (QRL)　49

平方剰余補充法則 50
平方非剰余 (QNR) 48, 101
冪 ii, 1, 20–22, 25, 26, 28, 73, 74, 77, 103, 133, 135, 137
冪検出 25, 26, 75, 103, 105, 113, 117, 136
冪根 25, 28, 87, 113, 125, 135
冪法 39, 73, 136, 137
変種数学的帰納法 (VMI) 3

法 b の 6
法 n の 37, 110
補間公式 (IF) 69, 70, 115

マ 行

短いベクトル 63
密な多項式 73
ミュウ関数 47

無限遠点 109

メルセンヌ数 101, 164, 165
メルセンヌ・ツイスタ (MT) 165

持上げ 81

ヤ 行

約数 6, 7, 29, 68, 76, 110–114, 120, 121, 127, 133, 153, 164
有限素体 38, 85, 86, 101, 135, 148–150, 152, 159, 161
──上の既約性判定 87
有限体 38, 57, 83, 86, 89, 90, 147, 149, 152, 159, 160, 165, 166
──上の分解 83
──の乗法群の利用 101
有限体テスト 101
有理関数体 85, 86
有理篩 116
ユニタリ変換 131

余核 59, 62
予測不可能性 155, 156, 158

ラ 行

乱数 (RN) 95, 154, 155
──の種 156
乱数列 (RNS) 154
ランダム 54, 97–99, 114, 118, 119, 127, 129, 152–154
ランダム法 (RanM) 114

離散対数 (DL) 135, 136, 138, 139, 141, 142, 145
離散対数問題 (DLP) ii, v, 135–137
領域計算量 118, 134, 138, 140
量子計算機 (QC) 116, 117, 130
量子計算機法 114, 116
量子ビット 130, 131, 134
量子ビット演算量 116, 130, 132, 134
量子力学の公理 131
量子離散回転和変換 132

類 38
類群法 116, 141
類多項式 112

零行列 57, 160
零元 37, 41, 46, 57, 76, 110, 160
零多項式 68, 69, 78, 79, 81
零ベクトル 57, 66, 151, 159
連分数法 116
連立線型合同式 148

ワ 行

和差積 37
割切れる 6, 76

著者略歴

中村　憲（なかむら　けん）

1948 年　広島県に生まれる
1973 年　東京大学理学部卒業
1976 年　東京都立大学大学院理学研究科修士課程修了
現　在　首都大学東京大学院理工学研究科数理情報科学専攻教授
　　　　理学博士

開かれた数学 2

数論アルゴリズム　　　　　　定価はカバーに表示

2009 年 9 月 25 日　初版第 1 刷
2010 年 1 月 20 日　　　　第 2 刷

　　　　　　　　　　　著　者　中　村　　　憲
　　　　　　　　　　　発行者　朝　倉　邦　造
　　　　　　　　　　　発行所　株式会社　朝　倉　書　店

　　　　　　　　　　　　　　東京都新宿区新小川町6-29
　　　　　　　　　　　　　　郵便番号　162-8707
　　　　　　　　　　　　　　電　話　03(3260)0141
　　　　　　　　　　　　　　FAX　03(3260)0180
　　　　　　　　　　　　　　http://www.asakura.co.jp

〈検印省略〉

© 2009　〈無断複写・転載を禁ず〉　　　中央印刷・渡辺製本

ISBN 978-4-254-11732-5　C 3341　　Printed in Japan

開かれた数学

中村佳正・野海正俊 [編集]

進展めざましい分野の躍動を伝える.生き生きとした内容を明快に解説しつつ,専門的な細部も丁寧に記述.科学を学ぶすべての人に贈る【開かれた数学】.

1　リーマンのゼータ関数　　　　　松本耕二　　本体 3800 円
2　数論アルゴリズム　　　　　　　中村　憲
3　箱玉系の数理　　　　　　　　　時弘哲治　　［近　刊］
4　曲線とソリトン　　　　　　　　井ノ口順一　［近　刊］

続刊予定
ベーテ仮説と組合せ論（仮題）

上記価格（税別）は 2009 年 12 月現在